中国建筑 下卷

近代以来海外涉华艺文图志系列丛书　本卷主编：赵省伟

[德] 恩斯特·伯施曼　著

夜鸣　杜卫华　译

中国画报出版社·北京

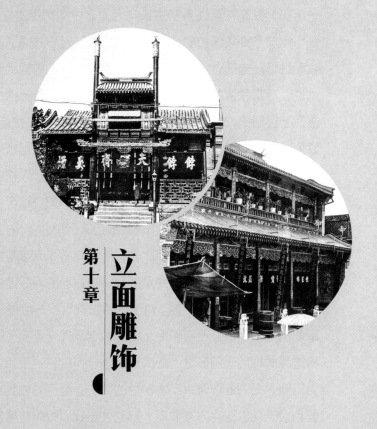

第十章 立面雕饰

中国人几乎在建筑物的所有部位都添加了大面积且异常丰富的图饰，并通过这一手段为整个构架注入了生机与活力。木构房屋的立面则给人们提供了绝佳的机会，既可添加各种装饰和雕饰，又能借此展示对于式样的喜爱。在临街的房屋中，对整个立面进行雕刻的做法仅限于那些可直接进入的店铺。因为对于一些面积较大的建筑群来说，厅堂和佛殿均设于院内，而外墙仅辟有单独的大门。不过这些院内的殿堂同样遵照上述法则，对立面进行雕刻。立柱、门槛和额枋组成的构架在装入门扇与窗扇后，好似一整张网格置于立面上，仿佛为其覆上了一层帘子。除去门扇下部的镶板和窗扇下方的墙体，整个立面均设计成可透光的开口。以格状结构为基本式样的图案正适用于这种统一而又宽广的平面，哥特式几何形窗花格可谓其最佳参照。另一方面，这一式样又常以纯粹的网状图案出现，看起来仿佛为整个立面罩上了一层网。就效果而言，最宜与伊斯兰教建筑艺术相比较，后者有不少元素与中式风格接近。若论两者之间的关系，最合乎情理的推论便是的确曾有古老的西亚范例传入中国，并经历了极为独特且合乎逻辑的演变。不过，对于这种仿佛网格一般覆于整个平面上的装饰，中国人很早便已有所认识。石头和陶土上的古老浮雕便证实了这一点。至于中国人是否很早便将这种式样用于门窗之上，尚缺乏进一步的材料证明。不管怎样，纸张的发明和传播为门窗表面的处理带来了决定性的转变，继而影响到房屋立面的发展，不过这些显然要到公元几世纪后方才实现。那时才出现以纸张封堵窗孔的做法，直到今日依旧十分普遍。不过前提是准备好一副孔眼细密的棂格，然后在其内侧平整地贴上纸张。过于宽广的平面很难采用这一做法，因为大幅的纸张很容易受损。正交或斜交的简易棂格式样如今在城内或乡下仍是随处可见（参见270—271页，图332—图333），甚至出现在正统而又雄伟的大殿上（参见57页，图52；302页，图386）。在公元纪年的最初几个世纪内，来自西方的影响普遍出现于中国的艺术和文化中。与此同时，纸张得到了广泛的应用，甚至多半已用于门窗之上。这一事实很可能解答了窗花格的最初起源问题，尽管其式样为中国所独有。

大幅花格的网状图案构成了立面装饰的基础，而经过雕刻的横楣、镶板、边框和栏杆丰富了这一主题。这类装饰如同雄伟的线条一般，成为中国建筑艺术的又一显著特征。无论城市乡村，还是宅院寺庙，又或者衙门宫殿，其间遍布着难以计数的雕饰。在大一点的城市中，有些街道完全由雕饰繁复的店铺构成。对于色彩的热情增添了这些式样的生动性。鲜亮的纯色调不仅用在经过雕刻的构件上，更与漆金工艺、金属件和漆料相结合，闪烁于布告牌、单个文字、栏杆，以及各种商贸和手工业的标志上。后者往往以招牌的形式出现，成为商铺门面的重要组成之一。药房、绸缎庄、金店银楼和古董铺向来装饰最为富丽。北京城内有一系列这样的例子。那儿的店家，特别是建筑行当，喜欢以高耸的木柱搭建大门和装饰整个门面，从而形成醒目的标志，并对整条街道产生了独特的影响（参见 259—262 页，图 314—图 318）。每次看到这些成排的柱子，笔者都不可避免地想到它们与北美印第安人的图腾柱之间存有某种内在且极为偶然的关联。这种联想基于一系列不同的观察，此处不过稍加提及。这种高柱搭建的门面同样会进行雕刻装饰。雕饰图案的题材往往出自植物界，其丰富多彩的内容正是无限生机的象征。这些元素以网状形式构成细密的格状图案，从而延续了整个门面的特征（参见 263—264 页，图 319—图 322）。符号题材和人物楣饰同样必不可少，此外还有专门的表现手法用来突出中心部位。就连栏杆的式样和表面布满卷须或线性纹饰的横楣也保留了这种完全平面化的网状风格。这些带有雕饰的房屋一部分建于 18 世纪，大多数则为近代所造。栏杆在外来影响的作用下展现出不同的式样风格，图 330—图 331（参见 269 页）中的两处例子分别见于热河与湖南。前者出自 18 世纪，为洛可可风格，后者大致出于相同的时期，可视为巴洛克风格在中国南方地区的呈现。

门窗花格（网状图案）

用来填补门窗开孔处的图案可谓数之不尽。之前北京的那些例子已是相当可观。日益华丽的图案通常与门扇下部镶板处的雕饰相结合，两者之间又相互促进。这些图案的设计采用自然主义或抽象风格，多为简单的线条式样，此外还有惯用的符号和图形。这些图案在整个中国纹饰领域极为常见，由于受制于有限的空间而形态简洁，并在与镶板结合的过程中，展现出和谐的韵律。大多数情况下，它们凭借独特的轮廓自成一体，显示出独立艺术作品的特征，同时通过相同式样的规律性重复而在整体上构成一幅图案。

花格的式样本身源于简单的正交或斜交格状结构。垂直或水平的棂条互相插入，构成长方形且彼此等距，从而形成各式各样的图案（参见 276 页，图 342—图 343）。棂条式样简洁，为生动起见配有大量小巧的附件，这些附件通常由木料雕刻而成。最常见的是一种小支柱。它们横亘于棂条之间形成隔挡，另外从平面的静态角度来看，还可起到纹饰的效果。作为基本式样，这些隔件在窗扇上有着广泛的应用。在另一种花格式样中，面积更大的长方形彼此相连，其中交织着部分之前提及的格状结构。由此形成各式各样的图形，在纹饰丰富的隔件点缀下显得生动而又活泼（参见 277—279 页，图 344—图 347）。棂条通过不同方式的切割斜交可以得到无穷无尽的花样，以及圆形、四叶形和扇形图案，不过所有这些更加突出了棂条的网状特点（参见 265—266 页，图 324—图 325；275 页，图 340—图 341；280 页，图 348；291—292 页，图 376—图 377）。将三根棂条相交于一点，并在这一斜交图案中嵌入或水平或垂直的棂条以实现恰当的搭接，便会形成一枚突出的圆形花饰。在中国的南方和西部地区，纹饰构成更加随意而不受拘束，不仅可以见到弧形的线条和随心所欲的图案，就连花格也有丰富的用色（参见 273 页，图 336—图 337；280 页，图 348）。成都府的某些隔扇上（参见 274 页，图 338—图 339）出现了一些极为优雅的格状图案。它们是由真正的网状结构演化而来。除此以外，还有两种相当重要的式样。一种在中国有着极为广泛的应用，常见于窗扇，尤其是栏杆上的"卍"字纹（参见 273 页，图 336；281 页，图 349；284 页，图 355—图 365）。另一种则是由短小的线条向着四面八方任意交错而成的冰纹（参见 281 页，图 349；282—283 页，图 350—图 354；285 页，图 366—图 367）。

木雕装饰

窗花格的丰富表现手法连同各类外框、栏杆和镶板上的木雕装饰以类似的方式运用于内檐装修中，并在这一领域走向极致。在带有花纹的大理石板、纸张、漆料、丝绸，以及其他色彩丰富的织物或刺绣等各种材料的装饰下，内部空间，尤其是内庭，通常被打造成无尽华丽的艺术品，同时保留了结构上的严谨，即使装饰繁复，仍令人赏心悦目（参见 285 页，图 366—图 367）。鉴于内檐装修自成一门独立的艺术，此处不再继续展开，但也要稍作提及。因为内檐雕饰的式样不受技术限制，而在相互影响的过程中，华丽的外檐雕刻艺术显然从中有所汲取。因此，不仅街边那些奢华的店铺，就连寺院中的房屋和院落，都拥有雕刻得富丽堂皇且加以彩绘的立面（参见 287—289 页，图 370—图 373）。最后，人们还应看到这当中蕴含的艺术思想，中国人正是据此在房屋内部构筑出属于自己的持久环境，并在其间以可见的艺术形式展现欢欣满意与丰富的内心世界。而在房屋外部呈现这些思想时，需在外与内——外观与内容之间达成一致，从而促使其不断为建筑物雄伟的线条增添生动活泼的装饰。因为在中国人看来，宏大与微末对立统一，相辅相成。这一思想贯彻于整个艺术领域，尤其在建筑式样的表现手法中得到了淋漓尽致的展现。

图 314. 北京一家建材厂门口的牌楼

图 315. 北京一间饽饽铺门口的牌楼

图 316. 北京的东四大街

图 317. 北京的一间海味店

图 318. 北京的一间绸缎庄

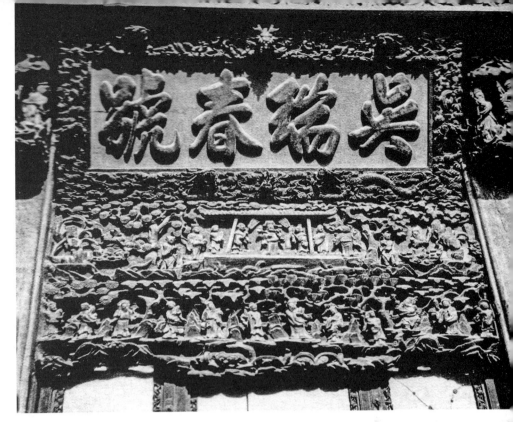

图 319. 北京一间店铺立面处的门楣雕饰

图 320. 北京一间店铺立面处的门楣雕饰

图 321. 北京一间药房的门楣雕饰

图 322. 北京一间药房的门楣雕饰

图 323. 北京一间商店外部的栏杆

图 324. 北京一间商店外部的栏杆

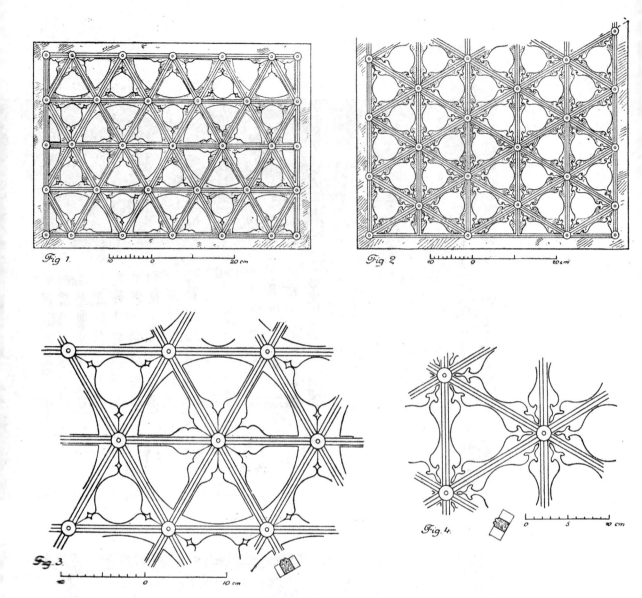

图 325. 北京碧云寺的窗花格

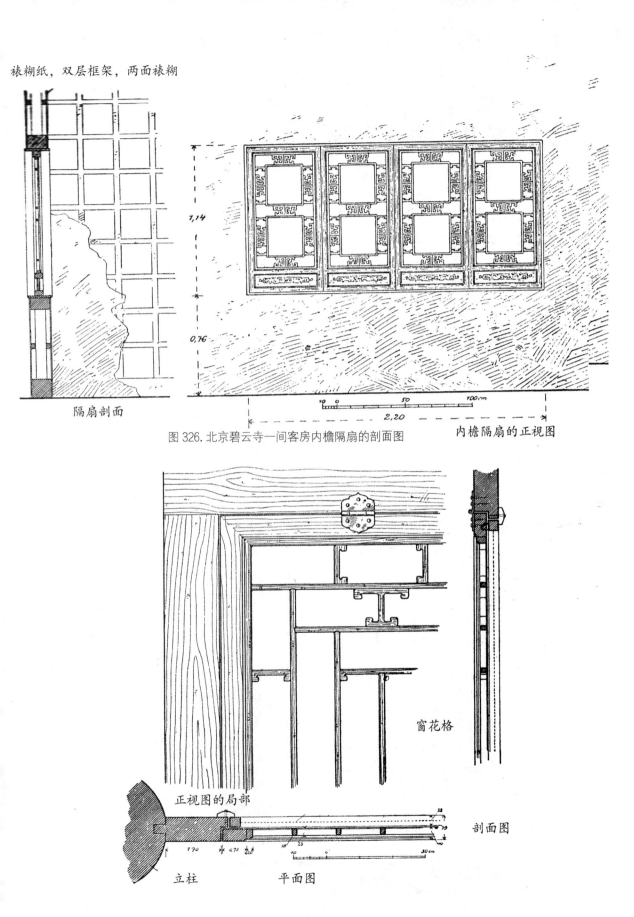

裱糊纸，双层框架，两面裱糊

3.14

0.76

10   50   100 cm

2.20

隔扇剖面

图 326. 北京碧云寺一间客房内檐隔扇的剖面图

内檐隔扇的正视图

窗花格

正视图的局部

剖面图

立柱

平面图

1.70   0.75   2.20   23   30 cm

图 327. 北京碧云寺一间客房外檐窗户的细节

图 328. 北京碧云寺一间客房内檐的隔扇门

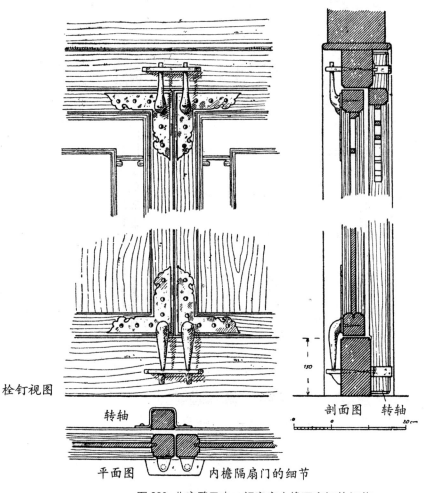

栓钉视图

转轴

平面图   内檐隔扇门的细节

剖面图   转轴

图 329. 北京碧云寺一间客房内檐隔扇门的细节

图 330. 热河行宫一座花园的木栏杆

图 331. 湖南衡山南岳庙大殿的木栏杆

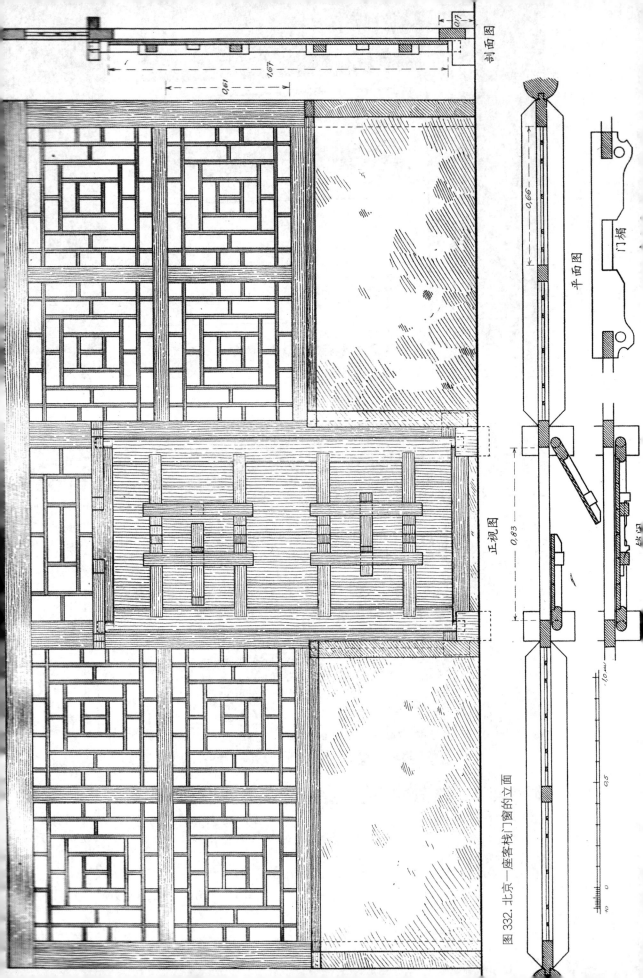

剖面图

正视图

平面图

门插

详图

图 332. 北京一座客栈门窗的立面

镶板纹饰   横披窗装饰

图 333. 热河一座客栈门窗的立面

图 334. 浙江普陀山法雨寺的门扇镶板

图 335. 北京的门扇镶板

图 336. 湖南衡山南岳庙正殿的花格

图 337. 湖南长沙府一座店铺大门的花格

图 338. 四川成都府门扇上的镶板与花格

图 339. 四川成都府门扇上的镶板与花格

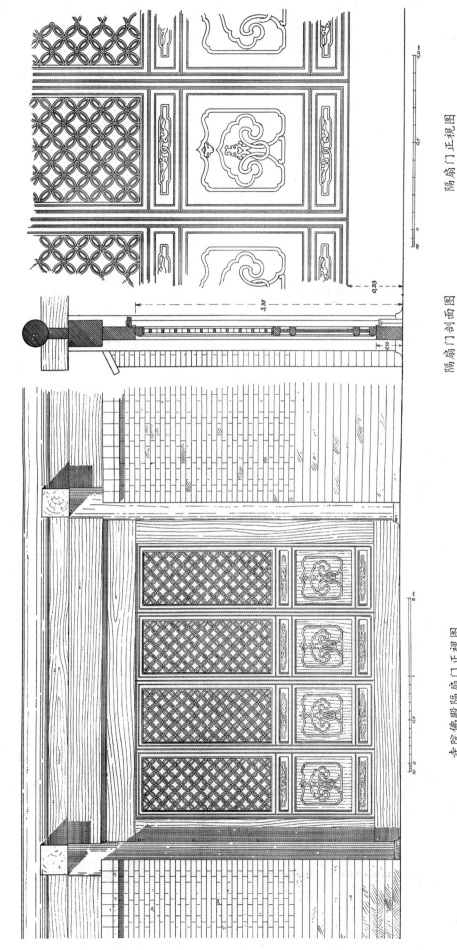

隔扇门正视图

隔扇门剖面图

寺院佛殿隔扇门正视图

图 340. 北京碧云寺佛殿隔扇门上的镶板与花格

图 341. 北京碧云寺佛殿隔扇门上的镶板与花格

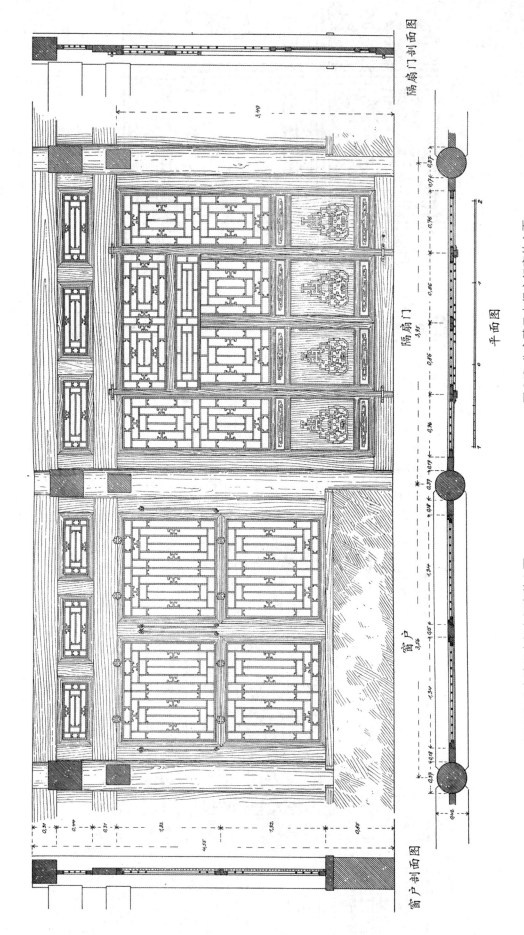

图 343. 北京碧云寺行宫门窗的立面

图 342. 北京碧云寺行宫门窗的立面

图 344. 清东陵班房^①的隔扇门

①班房又叫值班房、值房，通常位于陵寝宫门外的东西两侧。

图 345. 北京碧云寺行宫的隔扇门

图 346. 北京一座住宅门扇上的镶板与花格

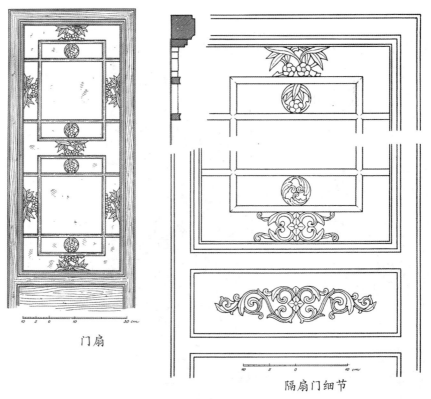

门扇

隔扇门细节

图 347. 北京一座住宅门扇上的镶板与花格

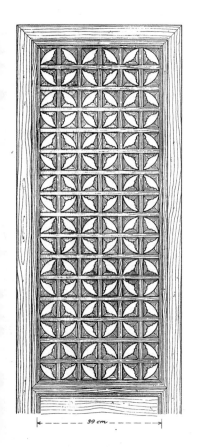

图 348. 四川的窗格图案

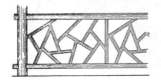

苏州 栏杆

灌县二郎庙供坛
上的网格装饰

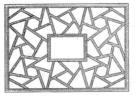

上海 花窗

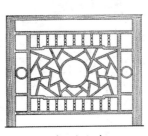

杭州 栏杆

二郎庙圆窗

b "卍" 字纹

直纹图案

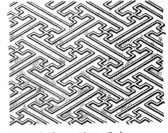

泥板雕饰 斜纹图案

隔断上的回纹图案

出自清东陵慈禧陵

窗花格

吉祥纹饰

图349. 花格: a.江苏苏州府、
上海和浙江杭州的冰纹; b.山
西和直隶的 "卍" 字纹。"卍"
即 "万"，寓意无穷无尽

图 351. 热河行宫门扇上的花格

图 350. 浙江杭州西湖边一座寺院内供坛栏杆的花格。
其为冰纹图案

图 352. 浙江杭州西湖白云庵内栏杆的花格。图案
由"卍"字纹和"寿"字纹交织而成，寓意万寿
无疆

图 353. 热河一处窗扇上的花格

图 354. 上海一所俱乐部花
园内的灰泥花饰。其为"寿"
字纹，寓意长寿

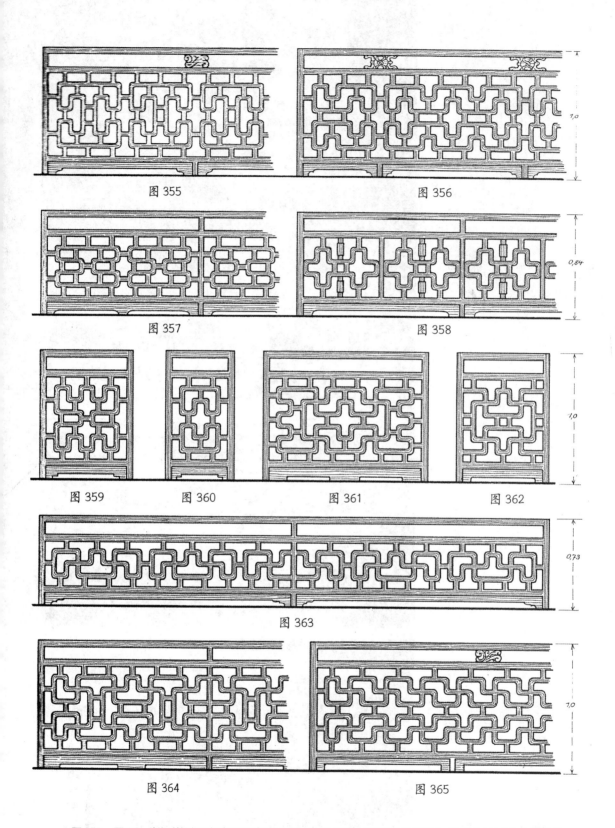

图 355

图 356

图 357

图 358

图 359　　　　图 360　　　　图 361　　　　图 362

图 363

图 364

图 365

图355—图365.浙江杭州西湖边不同寺院内栏杆上的花格。这些"寿"字纹与"万"字纹图案或单独使用，或相互结合，寓意福寿绵长

图 366. 湖南长沙府一间店铺内的花格与栏杆

图 367. 浙江宁波府一间店铺内的花格与栏杆

图 368. 广东广州的一间商铺。店铺内多由金漆彩绘花格与木雕装饰

图 369. 广东广州的一座白事门亭。亭中多由金漆彩绘花格与木雕装饰

图 370. 四川灌县二郎庙饰有大量木雕的山门

图 371. 山西五台山十方堂正殿外檐的漆金彩绘木雕装饰

图 372. 湖南长沙府一座戏台围栏的木雕装饰

图 373. 四川峨眉山万年寺一座寺庙院落内雕饰
丰富的栏杆与窗格

图 374. 北京的一间悖悖铺

图 375. 北京施以彩漆且绘有图案的柱脚

图 376. 清西陵慕陵隆恩殿的镶板门扇

图 377. 北京的门扇镶板

第十一章　栏杆

对于殿堂来说，台基的重要性已通过之前的一系列实例得以展现。此外，在探讨中式殿堂时，便已将其当作独立的建筑构件加以特别说明。台基本身即是一种平台，同殿堂结合后往往带有露台的特征，进而促使产生了栏杆这一经典元素。后者在大量截然不同的式样中形成令人亲切的面貌，并且得到了广泛的应用。此前在提到殿堂的台基时，笔者便已将其理念同围墙的意义相提并论。因为它们正如围墙那般，使单座建筑物或整个建筑群突出于周围环境，而且不仅实现了超越，更是为建筑本身辟出一块单独且界限分明的区域。栏杆进一步强调了这一理念，在平台的边缘划出又一道界限。由于这种内在的含义，中国人在门、窗的透孔之外，总是将格外优美的装饰用于栏杆，从而为样式的变化提供了极大的空间。单从带有雕饰的房屋立面便可见识到大量木栏杆中的元素。本章仅涉及石栏杆，有关砖栏杆和琉璃栏杆的内容散见于书中的其他章节。

在一众带有栏杆的坛式建筑中，最令人印象深刻且气派的当属北京天坛和先农坛中那两座著名的露天祭坛。从这两者便能看出露台的概念可追溯到远古时期。因为无论按照古代中国沿用至今的祭礼习俗，还是从相关文献中的记载及当代中国文化人的观点来看，最早的祭祀行为均发生在毫无遮挡的祭坛上，地点便设在露天神圣的树林中。这一点可谓毫无疑问。这种祭礼在孔庙中尚有部分存留。此外，它还掺入了大量佛教中的新思想。笔者在有关祠堂的著作中，已在曲阜孔庙部分的结尾处有过类似的讲述。我们有理由相信栏杆这一元素有着同样悠久的历史，尽管对于其最古老的式样几乎尚无定论。现阶段看来，最早的栏杆式样表现为一列坚实的方形立柱，其间以地栿和寻杖相连形成构架，中间设有成排的棂条，棂条由较细的方形立柱交叉而成。这一古老的式样目前仍大量应用于官衙和宫殿中，尤其是孔庙，图379（参见297页）便是一例。这一式样明显与印度最古老的石栏杆相类似，二者可能有共同的起源，也可能在中国独立形成。尽管这类栏杆气势恢宏，尤其在长而直的情形下，但缺乏发展潜力，以致被一种更加灵活的新类型取代。它们中最气派的式样正应用于那些最为尊贵的建筑中。

更为高级的露台形式表现为双层或三层露台叠加，有时还会将四边形或八边形露台同圆形露台结合。这种做法一向具有象征意义，这种象征不仅为丰富各异的建筑实践所证实，同时有明确的礼制规定。在探讨热河圆形大殿的坛城基座时，曾对此有所提及。圜丘的三层露台代表着"天、地、人"，这正是生机勃勃的宇宙中三位一体的象征。这种象征也曾多次出现。这些不同的设计和符号同样被用于建筑物的基座，并且通常与其他建筑构件的象征含义相匹配，比如立柱、开间和屋檐的数目。皇宫太庙大殿的三层露台同样寓意"天、地、人"，双层重檐则象征阴阳结合，二元归一。可以看出，这种通过叠加得以扩展的台基与殿身、屋顶的华丽构造协调一致，露台也因各种装饰而显得格外生动。这些装饰不仅增添了美感，为台基注入活力，而且并未破坏整体构造的壮观。从这一角度来看，栏杆这一优美元素的发明值得人们最高的赞赏，因为它们展现出了一种较为新颖且富丽的风格。如今在那些卓越的建筑物，尤其是皇宫中，随处都能见到它们的身影。由此可以推测，运用这一元素的历史相对较短。虽然目前尚无定论，但绝不会早于宋代。

此处首先要提及的便是成熟式样的栏杆。其元素同最古老的例子一样，都包含望柱，柱身连同柱首凸起于栏杆之上，打破了后者的线条。中间部位由栏板构成，其透空和装饰方式大相径庭（参见 302—309 页，图 386—图 399）。从最早的式样来看，济宁州（参见 299 页，图 381）的栏杆仅由带浮雕和横饰的栏板构成。后来，泰安府（参见 300 页，图 382）的栏杆便多出了一条独立的寻杖，由一些隔件支撑。最终，人们迎来了栏杆的终极式样——碧云寺中的栏杆。该栏杆建于 1749 年（参见 301 页，图 384）。开封府北宋皇宫内的栏杆（参见 302 页，图 385）无疑为其雏形，年代大约在公元 1000 年左右。其栏板下部完整，稍作浮雕，寻杖饰有多为圆形线条式样的条纹。底部由三个瓶状构件支撑，中间为一完整瓶子，两侧各有半个，配以带卷须和螺旋纹饰的柱首。出于喜好，这种式样逐渐转变为纯粹的云雷纹。栏杆基于自身重量，尤其在三层叠加的露台中，会产生过于沉重的效果。通过设置大量富有韵律性的透孔，栏杆变得通透而轻巧，别具一格的轮廓尤为生动，在近距离观赏时显得格外优雅动人。这种效果同样得益于柱首的构成，其式样虽千姿百态却始终别致而引人注目。栏杆宛如花边装饰一般环绕着大殿底部，后者从中拔起，在雄伟的屋顶所透露出的沉静中，牢牢地融为一体，再次与大地紧密相连。这一点尤其适用于北方的殿堂建筑，而北方也正是这类栏杆样式的故乡。

优美的景象因栏杆而得以突显，嵌入的台阶更为其锦上添花，尤其当台阶像往常那般分为三层出现时。沿台阶两侧倾斜的栏杆、水平设置的断面、连同置于地面的末端构件为各种迷人的设计提供了空间。另一元素的出现则为其增添了华丽的一面。但凡重要台阶的中线上都会嵌入石板，形成一条通常为南北走向、被称作神路的宽带。这些石板隔断了台阶，令人无法通行。因为这条轴线专为无形的鬼神准备，或者至少为其显灵而设。神迹或从大殿内的供坛向南，或沿相反方向，在正午太阳正烈之时显现于大殿的供坛上。宝座上的皇帝正是神灵的化身，因此只有他一人能够经过轴线上的神路，且是坐在轿中悬空而过。这条宽阔而气派的石板路以最尊崇的符号为装饰，同时极尽繁复，大多表现为精美绝伦的浮雕。图案通常以底部的水流和岩石为起始，上方接以飞龙的形象。飞龙或是一条，或是一对，于云层和闪电间追逐明珠，又或者四周八条龙环绕着正中一龙一珠。这种九龙图案几乎为大型的皇家宫殿所专用。在醴陵孔庙的一座大殿前，人们以别具一格的优美方式展现了"九"这一神圣的数字。方形的石板被等分成九块，组成一条正对前方的飞龙，龙首于中心石板处向南昂立（参见303页，图388）。

除了各种纹饰图案之外，栏杆上还出现了丰富的形象装饰，大多为动物，主要用于望柱柱首。其中最受青睐的是狮子。作为建筑物的守护者，它们扮演着重要的角色。河南府①关帝庙中有一段神路，两旁饰有栏杆。其柱首由狮子构成，尽管模样小巧，却不失庄严（参见304页，图389）。南岳庙大殿的栏杆和各皇陵华表四周的望柱有着异曲同工之妙。中原和南方地区的人们同样青睐这种类型，而且喜欢运用神话人物。它们或蹲或骑在神兽之上，例如三条腿的蟾蜍。人们还喜欢将龙首、狮子或麒麟用于台阶的尽头。此外，螭首这种式样雄伟的排水装置同样以令人叹为观止的形式安置在饰有栏杆的露台转角处（参见312—313页，图405—图408）。

就栏杆而言，除北方这种带有望柱和透空栏板的成熟式样外，还能见到其他各式各样的类型，尤其在南方地区。鉴于中国人针对各地的风格需求，自发地采用了不同的式样，若想将这些形形色色的式样刻意排出次序，纯属徒劳。因为它们彼此之间不分先后，甚至可能同时出现。不过，望柱这一元素似乎通常得以保留。主体部分常常由简单的地栿②构成，外观更像镶框一般，或者由双重横枋组成，中间以短小敦实的构件连接，要么在两者之间设置一块宽板，通常还饰有浮雕。在南岳庙中，那些带有浮雕的栏板以极为简明的表现手法展现了大量的神话故事和半真实的历史事件，在巍峨的殿堂自身庄严而又大气的秩序中，透露出一种自然主义的亲切感。这种做法是基于中国人的内在需求，用以平衡两种不同的基本理念，这在探讨图213（参见190页）中的梁间彩画时已有说明。显而易见，栏板上的这类浮雕深受欢迎。事实上，它

---

① 河南府的府治在今河南洛阳市。
② 地栿，指护栏的底座。

们以相似的主题和表现方式遍布于全国各地，并且毫无疑问早已有之。常见的内容有《二十四孝图》和其他众所周知的历史典故。在南方地区，浮雕明显转向式样丰富的南亚风格。有时在当地，比如广州，栏杆的所有部位，甚至横枋和望柱，全都覆满坚实且镂空的浮雕，宛如墙面和屋顶那些迷人装饰的延续，并且继续蔓延到梁架上，就连部分立柱和壁墩也不例外。这类手法属于南方风格的一种，在北方栏杆上则表现为严格的韵律节奏和恰到好处的节制。

图 378. 湖南长沙府陈姓人家的花园

图 379. 广东广州孔庙前广场上铺有石头的场地。显示出古老的中式风格

图 380. 湖南长沙府陈姓人家的花园。园内纤细的花岗岩石柱突出于花岗岩栏杆之外

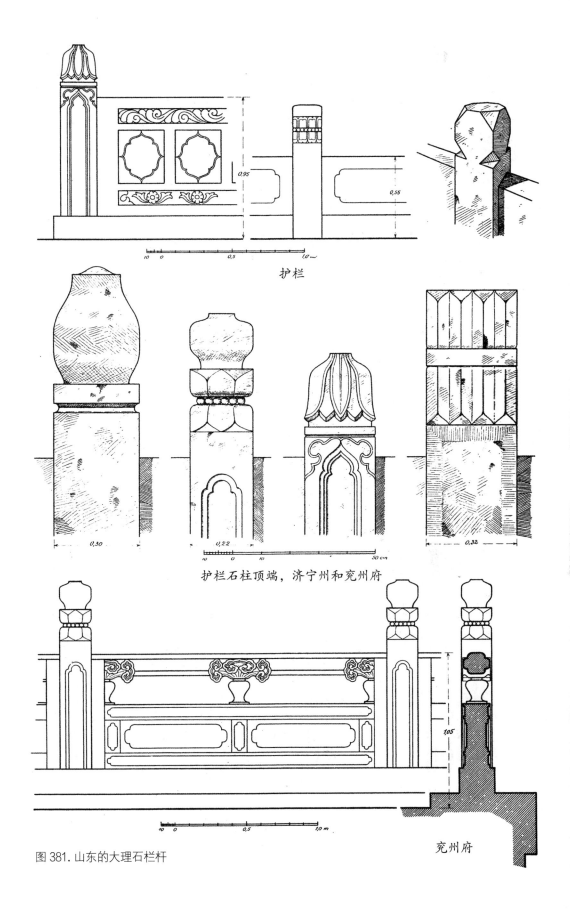

护栏

护栏石柱顶端，济宁州和兖州府

图 381. 山东的大理石栏杆

兖州府

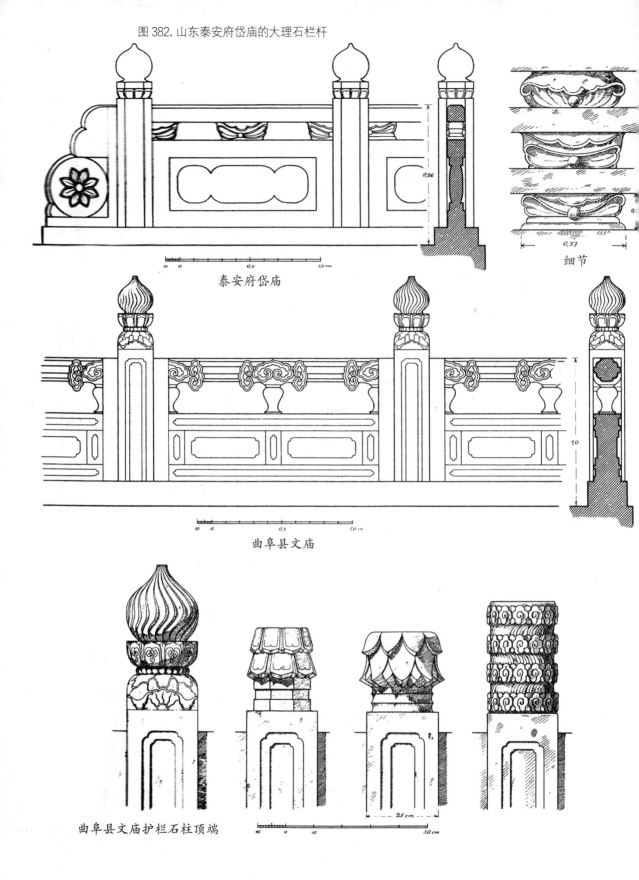

图 382. 山东泰安府岱庙的大理石栏杆

细节

泰安府岱庙

曲阜县文庙

曲阜县文庙护栏石柱顶端

图 383. 山东曲阜县文庙的大理石栏杆

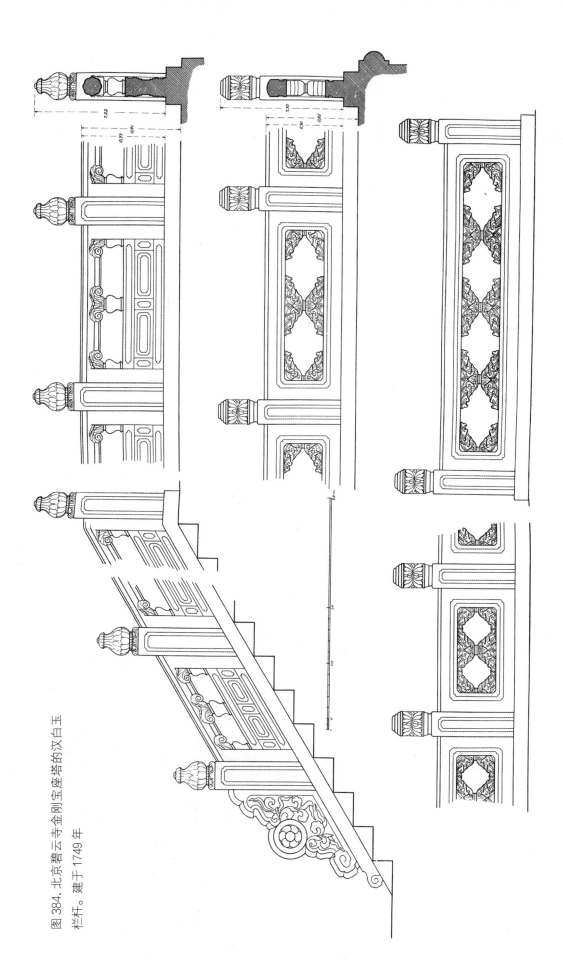

图 384. 北京碧云寺金刚宝座塔的汉白玉
栏杆。建于 1749 年

图 385. 河南开封府宋代皇宫金龙殿前中线神路上的台阶。其上饰有栏杆和雕有龙形图案的石板，即龙梯。
约建于公元 1000 年

图 386. 明十三陵长陵中线神路上（祾恩殿前）的阶梯

图 387. 湖南衡山南岳庙大殿前的阶梯。中线神路上雕有龙形图案的石板，一条龙腾跃于水面、云朵和岩石之上，追逐着一只被火焰包围的明珠

图 388. 湖南醴陵县孔庙大殿前的台阶。中线神路上雕有龙形图案的石板，龙身腾于云中，面朝前方。图案由九块石板构成，其中龙首位于正中间，龙身分布于周围八块石板上

图 389. 河南东南部关帝庙中的神道

图 390. 北京北部小汤山皇家浴场内两处温泉边的围栏

图 391. 山东济南府一座园林池塘边的围栏

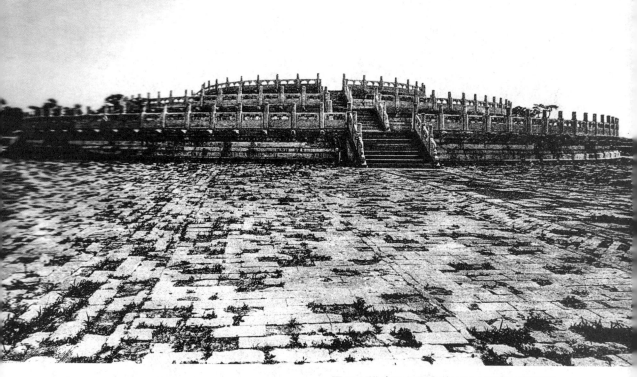

图 392. 北京天坛圜丘的三层大理石圆形祭坛

图 393. 北京先农坛内的单层方形观耕台。基座和三面台阶侧壁覆以黄绿琉璃砖，栏杆和台阶由大理石制成

图 394. 北京天坛斋宫内的大殿。此殿位于单层露台之上，大殿前的露台充当了大殿的基座

图 395. 北京太庙带有三层露台的重檐结构建筑。此处为皇家祭祖场所的主殿，重建于 1545 年

图 396. 北京孔庙大成门前露台的正视图（南面视角）

图 397. 北京孔庙大成门前露台的侧视图（南面视角）

图 398. 北京碧云寺金刚宝座塔的汉白玉栏杆

图 399. 北京碧云寺金刚
宝座塔的汉白玉栏杆

图 400. 北京国子监辟雍
宫大殿（皇帝讲学之所）
前的汉白玉栏杆

图 401. 山西五台山显通寺的栏杆末端构件（抱鼓石）。可能建于明朝早期（1400年左右）

图 402. 北京碧云寺的栏杆末端构件

图 403. 山西五台山显通寺的栏杆末端构件（抱鼓石）

图 404. 山西五台山塔院寺的栏杆末端构件（抱鼓石）

图 405. 清西陵泰陵正
殿台基转角处的螭首

图 406. 湖南衡山南岳
庙正殿台基转角处的
螭首

图 407. 清东陵裕陵正殿台基转角处的螭首

图 408. 明十三陵长陵正殿台基转角处的螭首。龙首的造型与蛟相关。蛟是一种披甲的龙，能引发洪水。意在展示龙非凡力量的一面。为了显示对它的驯服，蛟首作为排水口始终被压在沉重的物件下，此处被镇于栏杆的一角下

图 409. 清西陵泰陵神道上立有两根饰有浮雕的华表。图中望柱出自其中一根华表的围栏，约建于 1735 年

图 410. 清西陵泰陵神道上立有两根饰有浮雕的华表。图中望柱出自其中一根的围栏，约建于 1735 年

图 411. 清西陵泰陵神道上立有两根饰有浮雕的华表

图 412. 河南开封府宋代皇宫台阶旁的望柱。大约建于公元 1000 年

图 413. 四川灌县（都江堰）青城山一座庙内饰有人像的望柱。此处为台阶立柱上的智者像

图 414. 四川灌县（都江堰）青城山一座庙内饰有人像的望柱。此处为台阶立柱上的智者像

图 415. 陕西西安府以东一座村庄内饰有骑蟾蜍人像的望柱

图 416. 山西蒲州府以北一座村庄中饰有人像的望柱

图 417. 湖南衡山南岳庙主殿的栏杆。立柱以狮像为柱首，栏板上装饰着寓言或神话浮雕。栏杆外框采用花岗石，栏板为大理石

图 418. 湖南衡山南岳庙主殿的栏杆。栏杆外框采用花岗石，栏板为大理石。此处为四个象征长寿的符号。鹿找到了"长寿草"，即灵芝草，鹤将其叼在嘴上，飞过松树，送到人间

图 419. 广东广州陈家祠一座大殿前的露台和雕饰丰富的栏杆

图 420. 广东广州陈家祠栏杆的局部

图 421. 广东广州陈家祠带有雕饰的栏板

图 422. 广东广州陈家祠带有雕饰的栏板

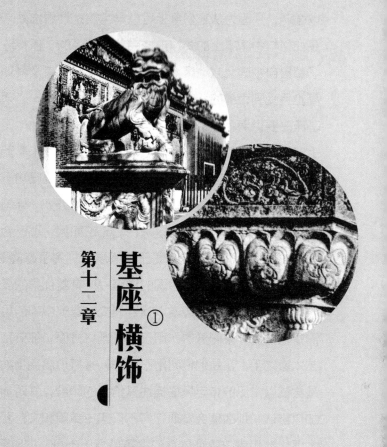

基座 横饰①

第十二章

此处所探讨的石基座和横饰可谓某种例外。之所以将它们作为一项特别的分类加以强调，是因为从它们身上可以异常清楚地看出外来元素，尤其是古希腊元素，它们是如何与中国本土的式样形成完美的结合的。值得注意的是此处所提及的几乎所有例子都出自中国北方地区，更确切地说出自北京及其郊区和热河地区。可以看出，正是高雅且受到束缚的北方建筑理念方才造就了这一必须得到承认的经典石作成果，而石基座主要供清朝皇帝欣赏。当然，在中国的其他地区同样存在类似的式样，只是外观上有所不及。基于北方人的艺术才能，对于外来典范的改造恰恰发生在北京及周边那些雄伟而又富有艺术气息的建筑场所中。这要归功于清朝的皇帝们，是他们热心地促成了两者之间的交融。除了传入中国的图纸外，外国艺术家在这方面到底发挥过多大的直接作用，很难一一加以确认。无论如何，耶稣会士的影响绝不会少。他们在康熙年间，大约 1723 年前，便已有所展露，到了乾隆时期（1736—1796），更是在建造后来被毁掉的夏宫圆明园的过程中，有着优异的表现。那些最纯正的式样出自乾隆时期，在北京城及周边难以计数的文物建筑中都能见到它们的身影。不过，同样可以清楚地看到外来刺激的作用仅限于题材方面，细节和比例方面的构造则完全出自中国艺术家之手。正是他们利用不同的元素打造出完全独创且中式风格十足的艺术品。若是尝试以常见的特定风格描述其给人的印象，并对侧面和纹饰细节所蕴含的建筑理念加以辨认，那么便会发现它们不仅集古希腊和文艺复兴时代的高雅简洁、罗马的严肃大气、北传佛教象征体系的含蓄热情于一身，同时兼顾中国人对于完整如一的追求。后者以自身才能赋予了其生动华丽的形象，使之在艺术表现方面越发浑然一体。

单从不同基座的使用方式便可看出蕴藏其间的独立精神，这正是真正创作的前提。人们选择规整的平台式基座作为单独的底座摆放五供①，用以提升其奇特式样所呈现的效果。这些供器由石头制成，纹饰丰富，置于皇陵宝顶前的露天处。这种基座更常用于放置深受青睐且式样奇特的园林石。这类石头富含深意，展现了自然岩石从死气沉沉到生动活泼的颠覆性转变。人们借助华丽的基座表现这种内在含义。在中国人看来，经典的艺术作品和神秘且不规则的自然产物互为补充，从而形成完美的结合。这种感知远远超出了我们的准则，即艺术方面的和谐仅存在于艺术形式本身。就连礅柱基座模样的独立底座同样会被塑造成古典式样，如果这一表达在此成立，那么正是

---

① 五供，中国民间祭祀用盛供品的五件器皿，香炉一只、烛台与花觚各一对。

旗杆或石狮子基座的丰富存在使得中国人的创造力得到了充分的发挥。对于香炉、花瓶和其他尊贵的物件，人们通过添加基座使其突出于周围环境。除了基座部分的装饰外，无论上述对象，还是石狮子或其他象征性的动物塑像，又或者在中国构成一项艺术分支的华丽日晷，往往都被施以中国古代的纹饰。这些基座通常与水平的石板紧密相连，或者采用柔和的花瓶式样，由基座的主体和顶部饰物共同构成精美的外观，从而形成密不可分的整体。

对于具有古典气息的束腰和顶部，在最后一章宝塔中将以碧云寺的金刚宝座塔为例加以确切说明。无论这些部位还是基座本身都使用了大量我们所熟悉的特征，部分完全一致，部分稍作改动。例如线脚、凹槽、多立克式叶状花饰、爱奥尼亚式波浪纹、圆凸线脚，当然还有各种平台和横饰，因而常常会出现构造意义的转换和演变。这点不仅适用于装饰，同样适用于构成部件本身。中国人避开繁复的叠涩，以尽可能少的部件形成清晰的构造。这种做法正符合他们将万物原理化为至简的天性。因此，中式基座主要由收束的颈部和均匀的过渡部分组成，后者从地面一直向上，直到竖直的墙体或平台。竖直的侧壁往往因收束的颈部形成十分明显的中断，而颈部上方的过渡部分形成了优美的艺术式样（参见 326 页，图 431）。不同于我们直接置于地上的水平底座，其下方嵌有弧形的断面，这种做法极具中国特色。这处曲形分层位于底座之下，而且出现在所有的例子中，显得十分奇特。曲形分层一部分为纹饰部分打断，又部分地融入其中，因而实际形成两处分离的断面，彼此交织，以至于难以分辨基础或主体。唯有上方线脚部分延续不断。转角处的装饰以带有凹痕的螺旋形、滴状和凸起的饰物为起始，明显的起伏因与转角相同的装饰而在中部形成富有节奏的中断，构成凿刻深邃的断面。这处基座部件在明朝初年便已完全成型。然而凭笔者直觉其年代早至宋代，尽管直到今天尚未有关于其起源或来历的确切说法。

自近代以来，基座的所有组成部分都会被中国人施以繁复的装饰，尤其下部的纹饰引导着人们对此加以观察。这种审美趣味可被视作一种平衡手段，用以调和基座大气、严谨的基本式样，只是似乎直到宋代方才形成。因为唐代作品虽已展现出动态的侧面轮廓，但组成部分一目了然——毫无修饰。当时，只有基座颈部被加以雕饰。来自西方艺术的强大影响于宋代开始显现，并且随着时间的推移而日益显著，直到 18 世纪为中国人所掌握。大量单独的纹饰随之而来，它们必然与古希腊甚至文艺复兴时期的式样存有直接关联。带有花叶的卷须、各种叶状图案、构造规则的动物雕饰和珠串等纹饰得到了难以计数的应用。若非来自西方的影响，这根本无从解释，并且其早在元代便已定型（参见 362 页，图 472）。间接关联同样见于中式卵形纹。作为最引人注目的侧面纹饰，它们无处不在，于线脚处形成分割，令人印象深刻（参见 323—324 页，图 423—图 424；325—329 页，图 428—图 437）。它们与希腊卵形纹外观上的差异较大，不过就凹形花瓣底部有如垫子一般的凸起饰物而言，其独特的式样当起源于莲瓣纹饰。后者或许参照了印度范例，不过主要独立形成于中国。早在唐朝初年（7 世纪）时，莲瓣组成的环饰中便已出现成排且各带一对凸起饰物的花瓣图案，后来这些凸起的饰物合二为一，尽管外形上存有相似处，却几乎看不出希腊式样。对希腊卵形纹从未有过令人满意的解释，倒是可以猜想它与中国卵形纹间有着共同的起源。中式风格有一特别之处在于单个凸起的莲瓣朝向转角处倾斜，且预留出很长一段距离（参见 329 页，图 436）。这种做法使纹饰呈现出有机的生命力。在同一张图片中，颈部上方以平行的窄叶划分缘饰，再次证实了上述特点。此外，其优美的式样远胜于类似的希腊图案。

在基座的例子中，除了外来元素之外，还会见到古老的中国纹饰。两者互相结合，如飞龙与宝珠、云雷纹、日轮与各种符号。在更常见的做法中，这些元素并存构成纯粹的缘饰。此处除台阶和束腰外，另选出一些券窗外侧缘饰作为例子。窗户全都出自藏传佛教建筑，开口通常采用印度或伊斯兰风格，边缘处呈凸起的尖齿状，缘饰图案在风格上与前者保持一致，同样选用印度和西亚元素，不过必定与希腊和中国的纹饰相结合。纤细或粗壮的卷须连同装饰性的茎、花，又或者涡纹宛如从中式石构件间涌出。岩石水波之上，四条飞龙于云层和激烈的闪电间泛着光芒，一起朝向拱心处正对前方的团龙。又或者以印度的大象、魔怪和天人构成纯粹的佛教内容，这些形象同样于涡形纹饰间向着顶部中心的迦楼罗追寻。与此同时，还会见到对称的纯中式回纹图案。通过反复的盘绕和风格化的手法对深受青睐的"寿"字纹和"卍"字纹加以变形改造。这些窗扇的花格由石板凿成，不可移动，在类似的场合中已多次出现。其结构表现为小圆圈构成的网状，或由佛教中带有辐条的轮状图案构成，风格始终与缘饰保持一致。

此处，这些装饰根据不同的元素被一一拆分为风格化的细节，放入建筑物中观看，却是浑然一体，只有认真观察，方能发现是组合之物。中国艺术出于必然需求，将一切合为一体的创造力在此得以清楚地证明。正是出于这一点，笔者才会在本章对这一更偏向纹饰的领域加以细致的研究。

图 423. 北京西山颐和园一座喇嘛庙遗址前幡杆下方的大理石基座。约建于 1780 年

图 424. 广东广州陈家祠入口前的狮像基座

图 425. 山西五台山一座寺庙的日晷

图 426. 山西五台山罗睺寺的日晷

图 427. 清西陵慕陵隆恩殿前月台上的日晷

图 428. 热河殊像寺上有铜制花瓶的石头基座

图 429. 北京先农坛观耕台大理石台阶的立面雕饰

图 430. 北京先农坛观耕台大理石台阶的立面雕饰。此为大理石莲纹雕饰，飞龙图案为琉璃材质

图 431. 热河避暑山庄内风格化的云雷纹饰

图 432. 北京西山颐和园喇嘛庙内一
扇门边上的壁柱基座。此基座为大
理石材质，壁柱表面涂以灰泥，边
框为琉璃材质，约建于1780年

图 433. 热河避暑山庄大理石
基座的一角

图 434. 北京西山无梁殿的基座。图中群龙追逐着被火焰光轮环绕的珠子

图 435. 清西陵慕陵的基座。约建于 1850 年

图 436. 热河避暑山庄的基座。建于 1750 年

图 437. 热河避暑山庄的基座。约建于 1750 年

图 438. 北京碧云寺汉白
玉塔座的局部视图

图 439. 清西陵慕陵宝城前基座的横饰。祭坛基座及上方的五供均为大理石材质

图 440. 北京颐和园内一座湖石的大理石基座。这类深受园林青睐、经由大自然千变万化的神奇作用而成的石头多用于观赏

图 441. 热河伊犁庙的拱形缘饰。图中所示为券门的局部视图

图 442. 热河伊犁庙砖石窗户上的拱形缘饰

图 443. 热河殊像寺砖石窗户上的拱形缘饰

图 444. 图 443 的局部视图

图 445.北京西山无梁殿的拱形缘饰　　　　图 446.北京西山无梁殿的拱形缘饰

图 447.热河殊像寺的拱形缘饰　　　　图 448.热河殊像寺的拱形缘饰

第十二章

墙壁

在本书的研究中，笔者曾反复提及墙的含义。将建筑群同外界隔离的墙并不是纯粹的界限，其本质更在于提升墙内之人的个体生活。从大的方面来看，无论属于整个帝国的长城、各处城墙、苑墙、宫墙，还是广阔的皇家陵区的围墙，全都体现了这一点；从小的方面而言，上到寺观、庙宇，下至宅院，同样如此。不错，突出于周围环境并与之分隔的理念在露台、栏杆、入口大门和台阶处均有清晰的体现，其丰富的构成唯有通过这一内在用意得以解释。出于一脉相承的原因，人们以同样丰富的艺术手法对围墙进行精心装饰，即使规模较小也不例外，并且在较为重要的场合，还会赋予它们大气的外型。此处仅能以少数例子展现某些特定类型，以期至少引起人们对这一重要建筑组成的关注。

在建造宫殿和皇陵等雄伟的建筑群时，人们选用了表面素净光滑的长条墙壁。墙基采用白色的大理石，上方墙身涂以朱漆，顶部覆瓦，墙脊突出，多用绿色、黄色或蓝色的琉璃瓦。大多数住宅入口处的墙壁同样形成分层，颜色在白、黑、灰、黄间交替。有时还会以灰砖或石板间明显的接合处，以及用来仿造石板或石块而画出的缝隙为界，并施以不同的颜色。碎石和野外的乱石极少在城市中使用，在农村地区却很常见。人们往往随意地将其层层叠起，内部以黏土或经夯实的石灰填充。或者砌成乱石墙，断面经过细致处理，彼此契合，同时以缝隙间夸张、突出的尖棱条进行衬托。这种做法深受帝国各地人们的青睐。整个墙面由此形成的网状图案类似门窗花格的处理效果。方石通常用于加工。当然，多种建筑材料的组合同样十分常见，这样显得更加生动且富有活力。

在此需要特别提及园林墙和影壁这两种重要的类型，因为其背后的理念正反映了中国人的特性。园林寄寓了中国人时刻亲近自然的愿望，这在探讨亭子时已有叙述。这一愿望造就了式样优美且千姿百态的园林墙。对此，人们舍弃了常见的大段线条，甚至用上起伏强烈的曲线和镂空的花样，其中一部分富含象征寓意，只能通过这些式样的含义加以解释。园林墙的顶端常以规则的波浪形曲线表示龙身的起伏。为了明确这一点，有时甚至在两端做出真正的龙首与龙尾围墙环绕在富有灵性的水潭和曼妙的园林景色四周。为方便向外眺望，人们在墙上凿出开口，或为规则的图形，或为随意的叶状。轮廓中所呈现出来的部分景色或园中一角宛如供人欣赏的画作。墙壁内侧通常设有带顶的长廊，或贴地，或抬高，或笔直，或蜿蜒，又或者在一层层平台中，以阶梯的方式上升，为园林增添了又一迷人的元素。游廊顶部的线条清晰而利落，随着地势的上升，廊顶又会形成随意却富有韵律的分层，往往对园景产生至关重要的影响。

影壁具有明显的象征意义，通常借由纹饰或图案加以体现。它们被安放在住宅的入口处，大门内外皆可，又或者置于院内的二门处，还可直接设于正厅前，甚至移入厅内，但始终位于中轴线上。它们的实际用途在于遮挡向内观望的视线，上面总是饰有这样或那样的吉祥符号。一旦它们脱离实际功能，仅用于展现纯粹的理念，便成为真正的艺术品。它们为房屋及住户提供精神上甚至宗教方面的庇护，使其免遭厄运。从正面来看，这些影壁正是借由那些赐予房屋好运与福佑的力量得以具象化和显灵。中国造型和纹饰艺术中数之不尽的象征元素为此提供了充足的范本。推陈出新的组合和取之不竭的想象几乎全都在影壁上有所应用。当然，最受中国人欢迎的还是龙，连同土、水、风、火这些元素构成或单一或重复的图案。此外，还有其他许多富有寓意的动物、结合各种象征自然和生命的符号，以及丰富的纯纹饰图案。如此一来，自然和道德秩序便汇集于家中的墙壁上，后者因而成为神性以及人心的写照。它们由此得以发挥照壁或屏风的功效。前者指像镜子一般的墙壁，后者字面意思为防风装置，就内在含义而言，则指为家庭、宫殿或者寺庙所提供的庇护与遮挡。这种关联解释了人们为何会以各种符号和丰富的艺术手法对其进行装饰。在尊贵的场合中，人们还会使用彩色琉璃以提升等级。没错，影壁甚至充当了这种贵重材料的重要载体，笔者将在下章对此进行讲解。

图 449. 清西陵大门旁的陵区主墙。方石上方为白色墙基、红色墙面，顶覆绿琉璃瓦

图 450. 浙江杭州西湖边张公祠内的云墙

图 451. 北京西北黑龙潭围墙的外观

图 452. 北京西北黑龙潭围墙的内部

图 453. 北京西部万寿寺的外观。万寿寺曾是慈禧太后的行宫，图中所示为花园一角的围墙

图 454. 北京西部万寿寺的内部

图 455. 山西太原府城隍庙内的砖影壁。图中所示为正门八字影壁的局部视图

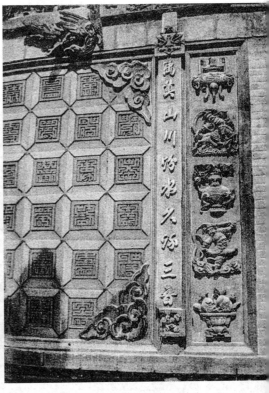

图 456. 山西太原府城隍庙内的砖影壁。图中所示为侧门八字影壁的局部视图。壁心遍布字体各异的"寿"字

图 457. 山西太原府城隍庙内的砖影壁。图中所示为正门八字影壁的局部视图

图 458. 清西陵泰陵宝城前的琉璃影壁。此琉璃影壁的入口以金刚墙封堵，通向位于陵寝中轴线上的地宫

图 459. 山西太原府城隍庙的八字琉璃影壁

琉璃

第十四章

本书一系列的叙述中都曾出现过琉璃的身影。作为建筑材料，它们被用于各种不同的建筑构件，包括屋瓦、脊饰、线脚、横饰及贴面装饰，甚至覆在整个建筑物、大门或宝塔上。琉璃工艺及艺术方面的应用在中国无疑有着悠久的历史，正如在亚洲其他文化圈中那般，而且得到了偶然出土的器具和墓葬品的证实，其问世年代早在公元前。我们有理由相信，琉璃釉陶同样很早便被用于建筑部件中，只是缺乏确切的信息，而且迄今为止尚未发现任何相关建筑遗留。通过唐代的记载可以得知，琉璃瓦和琉璃贴面不仅出现在中国的建筑上，人们甚至以高昂的代价将其大量运往撒马尔罕^①。这是一次不同寻常的回流，琉璃艺术无疑在很早的时候，便已从其古老的领地美索不达米亚和波斯流入东方，并且随着佛教的传播，于公元最初几百年内，在中国得到了进一步的流传。10世纪（唐朝末年至宋朝初年）时，显然重新开始了一场从西方到中国的回流，因为中国最早展现琉璃风采的建筑文物即出自这一时期。其中就有位于河南开封府的两座分别建于公元974年和1049年左右的著名宝塔。从年代来看，下一处琉璃建筑便是著名的南京大报恩寺琉璃塔。此塔始建于明朝初年（大约1430年），直到近代仍完好无损，可惜毁于1856年太平天国运动时期。这些佛教建筑均受到了西方的影响，这在南京琉璃塔上有着直观的体现。而重要的琉璃建筑装饰日后也便首先出现在这类建筑中，其用途或参考对象均来自西方，包括18、19世纪的藏传佛教建筑、清真寺和某些门建筑。后者明显依照外国样式建造，北京及其周边的皇家建筑群中有不少案例。即使用于纯粹的中式建筑时，例如影壁上，其纹饰图案依然可以看出西方的影响。在上一章的一些示例中，以岔角和中心团花划分墙面的做法便使人想起伊斯兰教的书籍封面。这一式样甚至得以进入清朝皇帝的陵寝，凭借华丽的外观现身于一些门建筑上。牌楼一章对此将有更为深入的探讨。其中尤以团花外凸的边缘最为引人注目（参见222页，图259），精美的藤蔓和大朵的牡丹花构成表面图案，后者共有十枝，风格特定。人们格外喜好以琉璃装饰影壁，尤其在瓷器主要产地附近，表现内容同样极富中国特色，譬如山西太原府和大同府中富丽堂皇的九龙壁浮雕。这些艺术品通常出自清代，也就是1644年之后，大多甚至直到18世纪方才问世。大同府的九龙壁或许建于明朝末年，年代在1600年前后，北京皇宫内的九龙壁则出自乾隆年间。山东青阳寨广受赞誉的琉璃寺庙应当建于明朝万历年间（1573—1620）。

---

① 撒马尔罕是中亚最古老的城市之一，现在是乌兹别克斯坦第二大城市。

该村庄内仍有大量单独的类似琉璃构件，它们来自已拆除的寺庙殿堂，被人们嵌入房屋的墙壁。在这座现存建筑中，整个山墙和屋顶表面都以深蓝且烧制坚硬的琉璃件铺设和装饰，式样极尽繁复。浮雕内容取材于中国神话故事，偶尔涉及佛教题材，而后者早已全面渗入古老的道家文化中。然而除此以外，它们所呈现的仍是古老而纯粹的中式造型和浮雕艺术。这些浮雕可谓一项极为重要的证据，证明了陶器的雕塑艺术有着独特的中式起源，甚至可能早已用于琉璃工艺，并未受到日后来自西亚的影响。

　　无论从式样还是应用来看，琉璃瓦和脊饰都展现出十足的中式特色，其独一无二的效果再没有任何一个国家能够达到。尽管后来受到佛教相当的影响，不过仍能从中看到中国古代传统的延续。即使这一元素从外传入中国，之后才在中国得到发展，却表现出纯粹的中国精髓，于绚丽多彩的琉璃间闪烁光芒。就屋顶而言，金黄、碧蓝和翠绿可谓最美丽夺目的琉璃颜色。它们为重要的庙宇和宫殿所专用，过去只有皇帝下令方能使用。蓝、绿二色的琉璃瓦与梁枋间绚丽的彩画、白色的大理石、朱红的墙面、生机盎然的圣林一道造就了无与伦比的天坛建筑群。地坛具有异曲同工之美，不过所用琉璃为黄色。

　　站在高楼，又或者从远处西山眺望北京城，规整的城市宛若一幅静谧的画作，阳光照耀在井然有序的皇宫大殿和城楼屋顶上，洒向广袤的大地，尽显恢宏气势。中国建筑艺术在此达到了顶峰，其中一半的功劳来自琉璃这一建筑艺术的瑰宝。

　　以上关于琉璃在中式建筑中的说明不过浮光掠影，只为引出中国建筑陶器这一庞大的题目，笔者将在专门的著作中详细论述。[①]

---

① 即"西洋镜"第 22 辑"中国建筑陶艺"。——编者注

图 460. 影壁

图461. 山西大同府一座寺庙的影壁。图为九龙壁的一部分，上有二龙，壁前立有石碑。在泛着白沫的波涛之上，飞龙于电闪雷鸣的云层和象征倾盆大雨的雨滴间蜷曲盘绕，以翻江之势追逐宝珠。影壁由五彩琉璃拼砌而成，全长约30米，高6.5米，大约建于1600年

图 462. 清西陵泰陵的大门。此处通往宝顶。图为门身局部，上有风格化的缠枝牡丹图案。中心为大幅凸起的圆形团花，内里八朵花环绕着当中一对花朵，后者象征着雍正皇帝及合葬的孝敬宪皇后。建于 1735 年前后

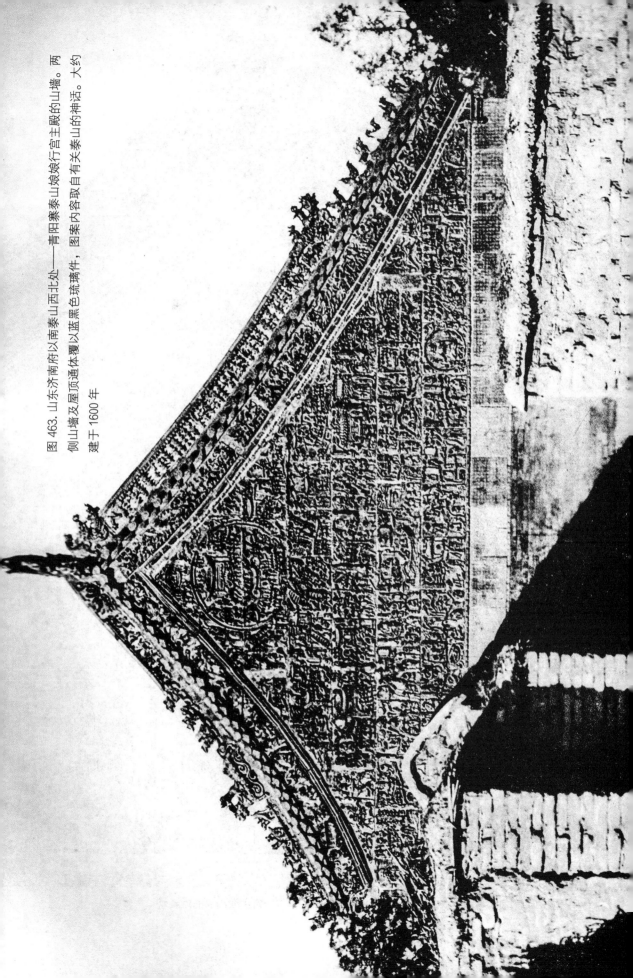

图 463. 山东济南府以南泰山西北处——青阳寨泰山娘娘行宫主殿的山墙。两侧山墙及屋顶通体覆以蓝黑色琉璃黑琉璃瓦件，图案内容取自有关泰山的神话。大约建于 1600 年

图 464. 山东济南府以南泰山西北处——青阳寨泰山娘娘行宫主殿山墙的近景照

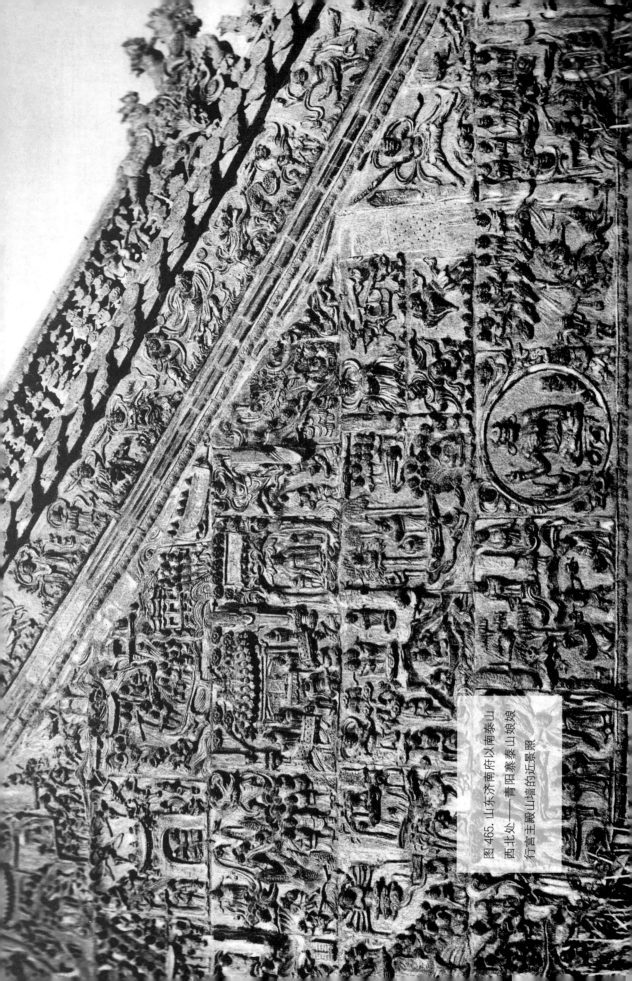

图 466. 北京颐和园万寿山万佛寺的牌楼（众香界）和大殿（智慧海）。牌楼壁柱和顶部及二层大殿外部通体覆以多彩琉璃件。建于18或19世纪，具体年代不详

图 467. 热河小布达拉宫的佛像壁龛。五个壁龛上下相叠，以多彩琉璃件嵌筑

图 468. 热河须弥福寿之庙砖石建筑上的窗楣装饰。根据彩图绘制，楣饰高 1.70 米，琉璃门头下为抹灰墙面，建于 1780 年

浮雕

第十五章

从迄今为止有关中国建筑的概述,尤其是在之前几章的例子,已经可以看出中国人对浮雕艺术有着怎样广泛的应用。浮雕艺术创作的乐趣首先离不开大量的主题。这些主题不仅传递了人们对于自然及其力量的生动见解,同时提供了丰富的神话题材和各种历史典故。其次,还与人们想要时刻再现上述领域主导思想的愿望息息相关。最后,还需要具备赋予相关思想清晰的形象,并以艺术形式加以展现的能力。对于浮雕艺术而言,很关键的一点在于除了尺寸极小的单独作品或佛教石窟雕塑外,这一手法总是与建筑艺术成果相结合——在中国一般以大幅雕塑的形式出现。这一现象导致了中国并未发展出艺术成就较高的大型独立形象雕塑——实际上也从未出现过。浮雕艺术则从与建筑艺术的结合中汲取了规整且和谐的特征,这正与中国人的内在本质相符。在中国人看来,世间万物充满了生命。这种伟大的见解随着历史的进展逐渐成熟,并赋予物质灵魂,使两者相互渗透,从中流露出生命脉动的韵律。这一点体现在中国艺术所有的作品中,同时造就了外形上的高度自由。束缚与自由这两个极端同样构成了理解浮雕艺术独特效果的关键。因此,可以超越单独的艺术史视角,尽管浮雕研究总是以此为出发点,从中国特色入手展开观察。

从之前的阐述中可以看出,中国人在建筑艺术及其相关式样方面,同样十分擅长将迥异且相悖的元素融为一体。在中国,不同的艺术方向如在其他国家一样,同样受制于时代的转变,却依然得以大规模并存,并且在直到今天的各个时期的作品中,大都能清楚地看到这种共存。因此,如若艺术史的各个发展阶段仅以形式和风格为依据,那么相较于艺术的其他领域,则需以更谨慎的态度加以对待。对于中国来说,艺术的形式和风格十分重要,而且中国人早已构建了自己民族的艺术形式和风格。此处所展示的浮雕示例不仅从发展历程的角度,更是从本质上揭示了中国浮雕的一些基本特征。

青阳寨(参见349—351页,图463—图465)的整个琉璃山墙由一块块小型浮雕紧密相连而成,浮雕内容各自独立。这一作品既用到了高难度的明代工艺,也兼具古老的风格。著名的汉代浮雕便是代表,它们出现在墓阙(参见393页,图514—图515)和石壁上,以各种形象布满表面。出于同样的精神,如今人们仍以花格式样的网状构件装饰房屋立面,并且常常以绘画或雕刻的手法将花纹或动植物形象施于墙面、楣饰、线脚或栏杆,形成如网一般的效果。这一精神同样体现在庞大的屋顶中,后者在瓦上浮雕的点缀下呈现富有韵律的动态感。其最可观的表现则在于利用墙壁无尽的光滑平面和笔直线条以实现完整如一的需求。这种遍饰表面的风格完全为亚洲所有，尤其盛行于南亚，且始终居于中国艺术的核心地位。将大型群像中的人物进行单独分开处理的做法早在中国古代已初见端倪。不过，正是佛教的出现才赋予了浮雕艺术真正大气的手法，并将其带入中国。历经漫长的发展，经历魏晋南北朝及唐朝艺术高峰之后，众多元素在位于北京以北的著名古迹——南口居庸关城门（云台）身上形成令人瞩目的结合。在其建成之前的很长一段时间里，这些元素逐渐构成了中国浮雕艺术的基础。居庸关云台创建于 1342—1345 年，当时的中国尚处于元朝统治之下，而南口居庸关正是他们进入中原的最重要的通道。因此元朝最后一位皇帝在此修建了这座城门建筑。撇开政治意义不谈，其身上的浮雕杰作可谓极其夺目。此处并无多余篇幅描述具体细节，一些最重要的说明可见图片注释。不过总体来说，人们可以从中看出一些显露出中式风格的丰富与演变的艺术手法的特征。浮雕中的形象和纹饰展现出强烈而又克制的动态感，其间所显露出的汹涌气势正与那股磅礴的力量相契合。凭借这股力量，亚洲各民族政治文化间的均衡得以在当时延伸到其领地最遥远的角落。中国在这些事件中参与最广，受到的影响也最为持久。从这些浮雕中还可看出，随着时间的推移，神话概念和北传佛教的艺术表现手法得以相当程度地明晰和巩固，从而在雕塑中实现自由运用。当然，印度，甚至中国藏族式样同样发挥了重要的作用，而经历过唐代艺术高峰的中式风格在此展露了灵活的自身和生动的韵律。虽然不能高估其式样上的价值，然而若无这种本土影响，我们所认识的整个北传佛教艺术将无从想象。这种影响还表现在对佛像背光的处理上。因为其表面覆有一层精巧而又紧密的网状装饰——此处为网格。这种图案被认定为中国所特有。各种高度的大型雕像因此而得到了突出，从最简单到最有力的造型均不例外。顶部三处平面如棺材盖一般从上方封住通道。平面上饰有无数相同大小的壁龛，龛内各雕有一尊小巧的佛像，作为背景烘托着斜侧面十尊分布均匀、带有背光的大型佛像和顶部的五个曼陀罗纹饰。这种清晰的布局同样极具中国特色。希腊及古希腊纹饰以其流动的形态和应用成就了这座古迹的高贵。后者诞生于一个伟大且蓄势待发的时代，其已然显露出艺术上的变形，正如镜子一般再现了当时席卷中国的思想与宗教潮流。所有这些风格类型及其内在力量已完全为中国人所吸纳。

除了古老的平面浮雕和壮观的人物雕塑外，神话、叙事和抒情主题同样构成了浮雕艺术的着力点。这类浮雕采用最简单的手法，以紧凑而又清晰的方式呈现中国人的传统观念，看起来鲜明至极。另一方面，浮雕刻画对象同样常常因周围装饰物而在构造上得以丰富，从而走向了一种繁复的处理手法。这两种样式都符合中国人最内在的本质。他们喜欢以清楚、冷静的方式观察事物，并通过简单的方式加以再现。另一方面，他们以丰富的装饰手段来描绘生活的千姿百态，以及对于生存的喜悦和旺盛的想象力。众多的象征主题沿着这两个方向发挥了显著的作用。因为这些符号在演变的过程中得以明确概念，比如龙这一主题，就由此获取了清晰的形象。人们想要展现相互作用中的自然界元素和力量，而单个符号与这些元素力量的紧密结合使得主题框架中出现了众多的次要概念，后者经过生动的处理，甚至在浮雕中更为突出。在湖南衡山的主庙中，有一块被当作圣物加以珍藏的石头，大约出自周代，兴许为笔者在中国见过的最古老的雕塑作品（参见 369 页，图 481）。浮雕以远古时代完全对称的式样来展现"二龙戏珠"的主题，与此同时，尽管处理手法极其克制，却仍然能从云中时隐时现的龙身上感受到流动的生命力。大殿内另一张供桌上的浮雕则与之形成对比（参见 370 页，图 483）。简单的神龙主题通过华丽而立体的浮雕得以有力地突显。周围平面和构件上的装饰做工更为细致，甚至极尽精巧，尽管细节饱满，主题的重要性却得到了进一步的强调。在塑造浮雕的过程中，以反差增强主体效果的做法极具中国特色，且在除艺术之外的各领域中也均有体现。

类似的手法同样见于纯粹以各种形象为内容的浮雕中。在难以计数的范例中，人们以最简洁的表现手法再现那些反复出现的题材（参见 369 页，图 481—图 482；372—374 页，图 485—图 490），比如《八仙图》或《二十四孝图》，而对陪衬往往稍加勾勒。这种极简的风格手法出自中国人的木刻版画艺术，却以在绘画艺术中的绝妙表现而出名。使用这一手法时，仅需寥寥数笔，往往略表其形，便可生动地传递出自然或某种意境的精髓。这种规整的体裁也常常被用来雕刻有关自然、神话、寓言和历史方面的逸事，不过构图始终紧致而富有韵律。浮雕艺术恰恰展示了一种生动的渗透，从中可以看到中国精神的不同方面。

正面

横断面

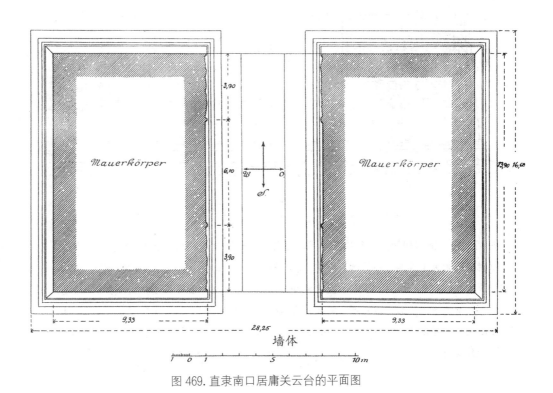

墙体

图 469. 直隶南口居庸关云台的平面图

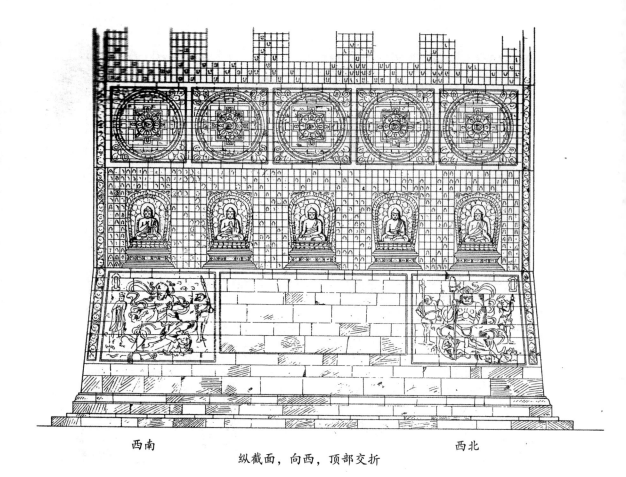

西南　　　　　　　　　　　　　　　　　　　　　西北

纵截面，向西，顶部交折

东北　　　　　　　　　　　　　　　　　　　　　东南

纵截面，向东

图 470. 直隶南口居庸关云台的平面图。云台位于长城以南、北京以北，为汉白玉材质。过道两侧饰以佛教四大天王浮雕，中间刻有铭文，以六种语言写就。顶部已破损，斜侧雕有十尊盘坐的佛像，身后有背光，背景由数目众多的小型佛龛构成。上方水平处以五个圆圈指代须弥山和周围的佛教四大部洲。入口边缘为拱形，以卷须、雕像和符号构成繁复的装饰。台顶上方设有石栏杆。从笔者所有的一张旧图片上可以看出，券门上方中心处曾有一座覆钵式塔。鉴于意义重大，在此首次以拍摄顺序再现这一文物古迹

图 471. 直隶南口居庸关云台券门内的佛龛

图 472. 直隶南口居庸关城门的南面视图

图 473. 直隶南口居庸关城门西面顶部斜侧的局部视图

图 474. 直隶南口居庸关城门入口一侧的浮雕。图中大象背上骑着一只长角的狮子，后者驮着一尊菩萨

图 475. 直隶南口居庸关城门入口上方的浮雕。顶端为迦楼罗和一对那迦，两侧拱墩处各有一只象形的、张大的口中吐出巨型髯须的海兽

图 476. 直隶南口居庸关城门放大六倍拍摄出来的顶端浮雕。图中迦楼罗周围缠着一条蛇，并以双爪抓住左右那迦神的脚掌。其额饰两侧各有一组符号，东边是饰有孔雀的太阳，西边是饰有兔子的月亮。那迦神以七头蛇为背景，两者共同构成了背光

图 477. 直隶南口居庸关城门的浮雕——西方广目天王。该天王身体应为红色，不过此处的浮雕并未展现。他右手握着一条好像在嘶鸣的蛇，同时降服了两只鬼——一只踩于脚底，一只蹲于小腿处。相同韵律的布局和两旁的侍从同样见于其他三处的天王浮雕。

图478. 直隶南口居庸关城门的浮雕——南方增长天王。该天王身体为青色，做出了拔剑出鞘的动作

图 479. 直隶南口居庸关城门的浮雕——北方多闻天王。该天王身体为蓝色，右手握着一把竖立于地的伞

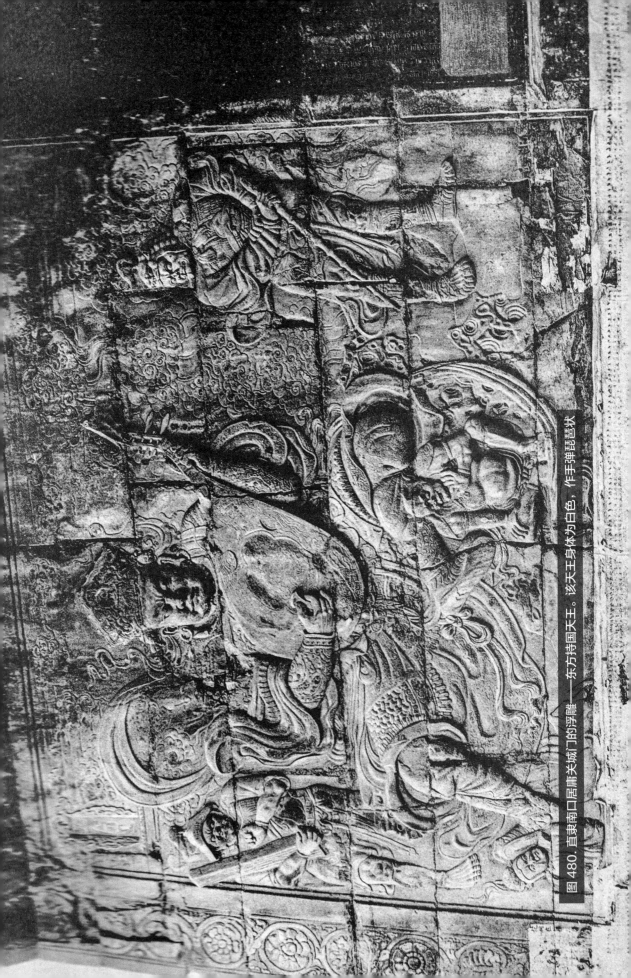

图 480. 直隶南口居庸关城门的浮雕——东方持国天王。该天王身体为白色，作手弹琵琶状

图 481. 湖南衡山南岳庙大殿中的供坛。图中石浮雕的年代非常古老，至少在汉朝初期，很可能为周朝。在河流和山崖之上，二条相互缠绕的龙朝向一球，球中伸出一条顶端分为三杈的细枝。圆球象征着太阳或宝石，正好悬在山巅之上。部分龙身隐于刻画简单的云朵中，龙爪不过稍加绘制，尾巴带有四个尖角。上方楣饰雕有两只凤凰，正飞向正中的圆球

图 482. 四川灌县青城山一座庙内砂石材质的供坛。建于 1700 年前后

图 483. 湖南衡山南岳庙中大殿中的供坛。其横饰和狮子将饰有云龙图案的主体部分围在中间。狮掌之间的基座横饰上雕有蝙蝠和云朵。为汉白玉材质，建于1700年前后

图 484. 四川自流井山西会馆内的墙裙。上方：叶形和涡形形纹饰分布于两处莲叶和十字图案中，边缘为龙形回纹。下方：每幅图包含两组二十四孝的故事

图 485. 浙江普陀山法雨寺中的栏杆。图为"怀橘遗亲"：少儿陆绩在袁术将军府上做客时，将橘子藏于怀中，然后送给母亲

图 486. 浙江普陀山法雨寺中的栏杆。图为"芦衣顺母"：少年闵损虽然在寒冬还穿着单衣，却依然孝顺继母。浮雕建于 18 世纪

图 487. 浙江普陀山法雨寺石桥上的栏杆。图中所绘内容为神话故事

图 488. 浙江普陀山法雨寺石桥上的栏杆。图中所绘内容为两头相斗的水牛，一头牛的背上有人，后面还卧着一只牛犊

图 489. 浙江普陀山法雨寺石桥上的栏杆。图中所绘内容为一名牧人正在观看两只山羊相斗，旁边站着一只小羊羔

图 490. 浙江普陀山法雨寺石桥上的栏杆。图中所绘内容为岩石间的菊花后面，一只母鸡正带着小鸡观望远处男子的身影

路边祭坛

第十六章

书中迄今为止所探讨的对象主要涉及各种建筑类型和单独的建筑式样，正是它们大致构成了中式建筑这幅广阔的画卷。除此以外，还有一些类型同样极富表现力，它们的出现源自中国人对于土地——这片神圣领域的认知。人们不仅对所熟知的故土的力量加以神化，同时在许多方面将其与先人的心灵及精神力量相提并论。这些先人来自这片土地并对其产生过影响。因此，不仅众多被创造出来的土地神地位尊崇，深受爱戴，人们还将有功之人的功绩和灵魂留驻在神圣的土地上，以便为自己的生活提供力量。首先是自己本家或亲眷家中的祖先，当然也有部族、区域或整个国家的英雄，大而言之还包括本朝皇室的先祖。人们将所有这些奉若神明，寄予土地，并且通过可视的符号和纪念性建筑铭记这种力量。鉴于这一用意，人们抱着极度的虔诚与敬爱之心对其加以塑造。自古以来，这类建筑始终遍布于中国除城市之外的广袤大地上，同时从精神性和艺术性两方面赋予了它们独特且强劲的生命力。除了供奉已有之神的祭坛外，还有数之不尽的陵墓和纪念性建筑，接下来的章节将对此有进一步的论述。此外，还包括石碑和牌楼。纯粹的自然和先祖所赋予的这两种力量根植于土地，并对生者发挥效应。作为根本，它们甚至在皇宫入口处有所展现并受到崇拜，而且早在远古便已成为传统。正如第一章中北京地图所展示的那样，紫禁城入口处建有两座卓绝的庙宇，东边为太庙，供奉着皇家先祖；西边为社稷坛，用以祭祀土地神。通过这种方式，人与自然的紧密结合得到了郑重的突显。北京外城南部中轴线两侧设有一对大型坛庙，正是这一理念在建筑形式上更高级的体现。作为祀奉皇室及百姓始祖的场所，天坛延展于大街东侧，对面西侧则是用于祭拜土地神的先农坛。

　　人们对土地及祖先的神力加以圣化和崇拜背后的普遍基础十分重要。因为只有从这一宗教背景出发，才能明白中国人到底怀揣着怎样巨大的热忱和丰富的想象力在各地修建了如此难以计数、形式各异的相关建筑。此处只探讨真正的路边祭坛，它们为地上的各种神灵所设，并且常常供有多尊神像。其中既有看管小片区域的神灵，类似于守护神，又有掌管道路、耕地、各类庄稼、煤盐油等土地产物以及财富的神仙，还有形形色色的道家连同佛教神仙，甚至还包括以动物为原型的精怪，如蛇、虎等。祭坛或沿途而设，水陆兼具；或散布于通往寺庙和朝圣地的道路旁，或设于建筑场所入口处，以示突出；甚至立于庭院中；又或点缀着广阔的农田、山谷和坡地。祭坛始终配以上香的炉子，有时焚香处构成祭坛主体，而通常居于核心的神像会退到后方。祭坛常常成组出现，并排而立，或与其他建筑部件结合，比如稍大些的庙庵、桥梁、门建筑、宝塔、凉亭或戏台。

　　其中式样最简单的类型当属路标，表现为木、铁或石制的旗杆、平台，以及石头堆成的锥体。这一产物大多起源于原始时代的泛灵论观念，从这种意义上讲，可谓日后路边祭坛的前身，此处不再做进一步探讨。发展成熟的路边祭坛仅在极少见的情况下采用简单的石碑式样，不过它们总会与小块的祭台相结合。其余情况下则始终表现为带顶的屋子，细节部分参照大型建筑样式，最终演变为独立、可进入的庵庙，从而化身为小型的房屋。式样最简单的屋子由平直的墙壁、屋顶和直棂栏杆构成，或以常常不加修饰的矩形砖墙砌成，为北方所特有。除此以外，各省不同的风格赋予了房屋千姿百态的线条、起翘和脊饰。这在山墙的突出部分、顶部构造，包括颜色和材料方面同样有所体现。其中有一种特别的类型参照宝塔的式样，分为多层，宛如石碑。譬如在四川，为使神像生动，人们还施加了丰富的颜色。其有时则呈现为近似亭子的石柱形状，顶层中央设有一座独立的塑像。最后还可采用完整的宝塔形式，只是尺寸较小，作为香塔或塔式祭坛。这在四川尤为常见，式样大多极为优雅。这些建筑与土地之间有着紧密的联系，同时为个人的情感提供了寄托。另一方面，这些分布零散、风格鲜明的祭坛又与自然之间有着生动的关联。正是以上两点造就了其简单而亲切的外观，仿若与大地亲密无间。

图 491. 四川北部德阳县的祭坛

图 492. 四川自流井的祭坛

图 493. 湖南长沙府的祭坛

图 494. 四川长江边酆都县的祭坛

图 495. 湖北宜昌府的祭坛

图 496. 湖北宜昌府的祭坛

图 497. 湖南衡州府的祭坛

图 498. 湖南衡州府的祭坛

图 499. 陕西汉中府西部的祭坛

图 500. 四川西部邛州^①的石柱

图 502. 四川北部德阳县的塔式祭坛或香塔

图 501. 四川西部邛州的石柱

图 503. 四川北部德阳县的塔式祭坛或香塔

图 504. 四川西部灌县青城山的祭坛

图 505. 山西南部虞乡县的祭坛

图 506. 山东胶州的祭坛。该
建筑为中原风格

图 507. 陕西南部与四川交界处的祭坛

图 508. 四川北部罗江县的
祭坛

图 509. 四川西部长江边泸
州影壁旁的香坛

图 510. 湖南南部的戏台和祭坛

图 511. 四川富顺县和自流井之间的路边祭坛

坟墓

第十七章

在中国，用于纪念死者的建筑显然以坟墓为首。究其原因，不仅仅出于纯粹的敬重，更在于坚信祖宗有灵，能够左右后人的幸福与痛苦。不错，他们甚至或多或少地化身为自然力量的一部分。自古以来，人们便将死者尸体葬入土中以便它与神圣的大地相结合。土地对中国人来说如同家乡，他们由此而来，生时从中汲取力量，死后依然回到其中。从有关路边祭坛的阐述中便可看出庇佑土地和家乡的神灵深受人们的敬戴，而自家祖先在这些神灵中最受尊崇。这一观点催生了丰富且完美的陵墓艺术，迄今还没有任何民族能够超越他们。

在中国一些辽阔，尤其不太肥沃的地带，比如位于北方白河入口处的冲积平原，的确充斥着令人难以置信的成片坟堆。不过，即使在人口密集的村镇附近，目光所及之处同样都是坟丘和显眼的墓地。人们将亲人埋葬在自家田地里，然后在周围耕种。这是就平地而言，至于山谷和山坡，则在群墓的点缀下显得生机勃勃，许多坟墓凭借树木的装饰和构造式样从中脱颖而出。家族墓地化身为风景中独立而引人注目的古迹。城门前的土地肥沃而又昂贵，人们在这里往往能见到依山势或丘陵而设的大型墓地。最令人印象深刻的例子当属广州。无数穷人简陋而又毫无装饰的坟堆构成巨大的墓地，不过其间同样分布着众多精心修筑的、为富裕人家所有的坟墓。虔诚的佛教徒选择火化，且无论是他们还是穆斯林通常都倾向于特定的坟墓式样和分隔的墓地。不过本章的研究对象并不包括这一类型。此外，那些恢宏至极的陵园同样不在探讨之列，比如曲阜的孔林，以及王公墓地与皇陵。因为这些陵墓需要另辟文章详细论述。在此，仅从几处坟墓入手展开探讨。这些例子在游历中国的过程中随处可见，正是它们为山色风光增添了风致。

如今在这片广阔土地上常见的坟墓基本出于近代，大多则为最近所建。值得注意的是那些极尽优美的坟墓多出自道光时期（1821—1850）。这与笔者的观察相一致，尤其就陕西、四川和湖南三省来说。只有少数修筑较好的陵寝出自明代。必须从真正的汉朝历史古迹入手才能找寻到古老的私人坟墓的遗迹，从中可以欣赏到高超而又雄伟的墓葬艺术。它们的年代则早在 1 世纪，这些早期式样不仅大气，同时已经因为一些装饰的出现而颇显生动。为了便于了解，此处首先放上一些著名墓阙的新图片，分别为建于公元 147 年的山东墓阙和建于公元 209 年的四川墓阙。这种成对出现的墓阙构成了墓地的入口。其浮雕中的形象和纹饰在艺术史上具有非凡的意义，对此已有众多的探讨，尤其是山东的墓阙。此处我们应当注意到，早在如此久远的年代，墓阙在结构、浮雕及装饰式样的设计上已有了明显的区别。山东的艺术手法给人以严肃和厚重之感，四川则表现出轻盈且富于想象的特征。坟墓新老样式的比较，体现了艺术手法从生硬僵化到自由灵动的重大转变。在中国，所有领域都经历了这一相同的转变。

此处仅探讨单独的坟墓，其构造上的装饰明显经历了从极尽简陋到华丽至极的发展过程。其基本式样表现为一座单独的坟丘，前方设置一块墓碑，不久墓碑又与八字壁、供桌和石凳相结合。在许多例子中，人们会以乱石或天然石材加工而成的方石对坟丘进行加固，有时仅针对下部，有时全部包括在内。然后在坟丘下方修建一处单独的通有台阶或阶梯的平台，由此构成复合的建筑群。墓碑竖于坟前，拓宽后变成一个完整的立面，经过不断的演变逐渐形成庞大的式样。为此，人们从其他建筑中选取了各种各样的元素，还发明了新的样式。在许多实例中，人们还会安装施有丰富装饰的仿佛通往逝者真实住宅的石门。有人曾想将中国文化最初阶段的阴宅和阳宅加以全面的比较，并在如今的墓地中辨别出相关遗存。这样看来，在北方更为常见的成群的大型坟丘理当对应着古老的土穴，据说最原始的中国人便居于其中。然而，如此牵强的解释显得毫无必要。只需看看这一发展历程如何完全自发地成形于墓碑的设置，便会明白其背后正是人们希望墓地可以持久且优美地突显于周围环境的心愿。

对于坟墓的修建和设计来说，贴合墓地及其周围环境具有十分重要的意义。察看好风水，即恰当运用同风和水、远近环境的既定关系，这些对于墓地的选址而言，比对活人所住房屋的确立还要重要。风水这门学问固然造就了诸多陋习，却遭受过更深的误解，甚至被批得一无是处。然而人们对风水的探讨其实十分理性，尤其是在美学方面的追求。此处不便进行更深入的探讨，因为它们主要涉及大型建筑群和陵园。不过，对于好风水的追求带来了一项直接成果，使得坟墓与土地及周围环境的结合在建筑关系中得到极为突出的表现。因为借助地面的自然起伏，通过在原本的坟丘侧面，尤其在坟首部位人工堆积土丘，同时对附近的水流、道路、邻近的坟墓或其他建筑，以及方位和风向加以考量，人们得以选出一处融入风景、醒目怡人的位置，进而从一开始便为建筑效果提供了最有利的先决条件。此外，从醴陵县的一些例子可以清楚地看出（参见 397—398 页，图 520—图 523）人们想将坟墓通过大段的装饰线条同土地相贴合，甚至融为一体。此处和地面相结合的印象通过人为的举动得以实现，而在山坡上可自动达成这种理想的效果，因此山坡格外受欢迎。从广州白云山和广西北部的例子中可以看出，人们十分擅长利用华丽且审慎的建筑配合自然条件（参见 399—400

页，图 524—图 527）。此外，还可以用树木进行装饰。过去，植树在中国始终是一项普遍且被神化的习俗，可惜近来在许多地方已为人遗忘。不过直到今天，在中原和南方地带，人们依然负有在父母坟墓四周植树的义务。事实上，这些墓旁的树木常常为辽阔的风光平添了一抹特色，在与自然交融的画面中占据了一席之地。

石制墓碑的正面，包括围墙在内，常常被施以丰富的装饰。首先，碑文本身就是一种装饰，它们凭借优美的字体和具体内容在空旷的自然中形成独特的效果。因为碑上不仅写有逝者的姓名、家庭、身份，还有关于其行为、本性的间接描述，尤其他与自然的关系。正是这些文字赋予了石碑鲜活的灵魂。一些奢华的墓地，还会出现各式各样的形象和花纹装饰，往往在墓碑立面上创造了一件独立的艺术作品。

私人墓地为追求极致，有时也会采用一些通常仅供王侯或皇家陵墓使用的元素，包括砌筑墙体形成围合，以石牌坊突出入口，在神道两侧摆放成排的人物或动物石雕，竖立旗杆，叠加平台，设计华丽的坟丘及围墙。围墙位于坟丘周边，意在保护坟头。最后还可借助石狮、浮雕和石碑施加丰富的雕塑装饰。福建福州府一位高官的坟墓便是代表。此墓建于 1831 年（参见 412—414 页，图 549—图 551），华丽的构造已具备建筑群的特征，从而进入伟大的陵墓艺术领域。这种艺术只有与雄伟的建筑艺术联系在一起，才会超越纯粹的形式，显露价值。

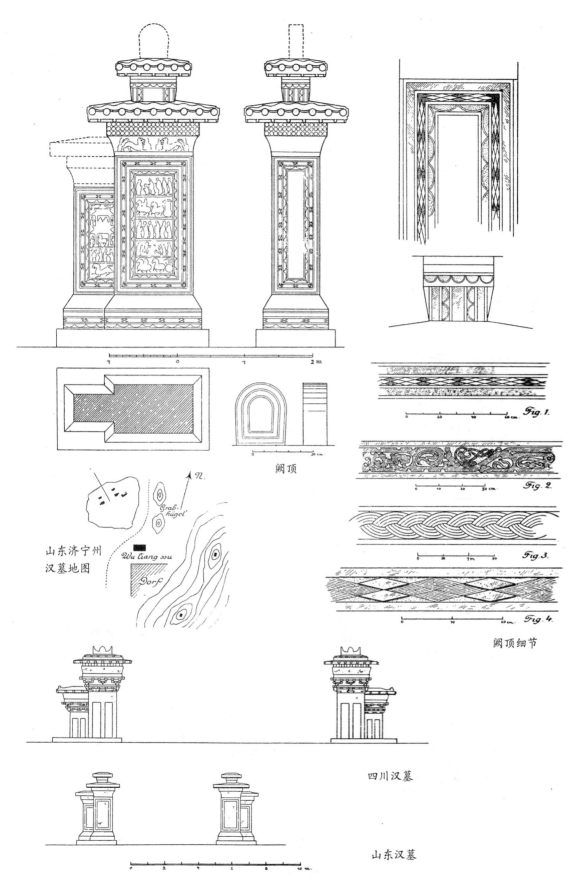

山东济宁州
汉墓地图

阙顶

Fig. 1.

Fig. 2.

Fig. 3.

Fig. 4.

阙顶细节

四川汉墓

山东汉墓

图 512. 山东济宁州嘉祥县土山集附近的坟墓——武氏墓群。建于公元 147 年

Provinz Sze chuan.
Han Grab bei Ya chau fu.

四川雅州府汉墓

Fig.1.

Fig.2.

Fig.3.

Grundriss.

平面图

图 513. 四川雅州府北部的高颐墓。高颐逝世于公元 209 年

图 514. 山东济宁州嘉祥县土山集附近的墓阙　　　　　　图 515. 四川雅州府的墓阙

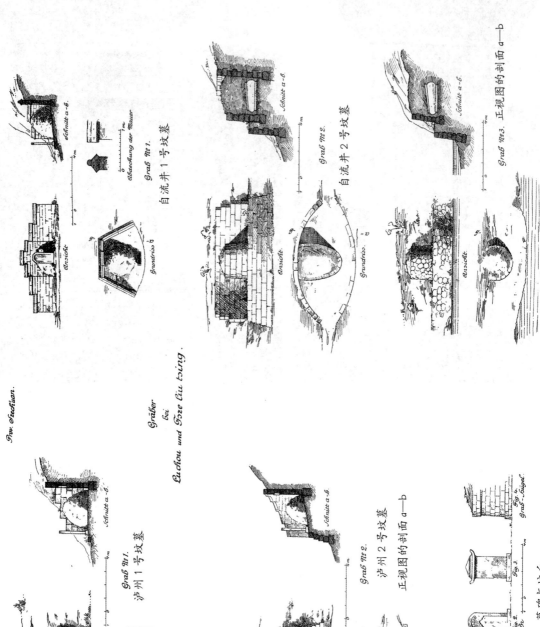

図 516　四川雅州府泸州田间的坟墓

図 517　四川自流井田间的坟墓

Prov. Sečhuan.

Gräber bei Lučhou und Tze liu tsing.

泸州 1 号坟墓
Grab №1.

泸州 2 号坟墓
正视图的剖面 a—b
Grab №2.

墓碑与坟丘
Grab-Hügel.
Grab-Tafeln.

自流井 1 号坟墓
Grab №1.
Abdeckung der Mauer.

自流井 2 号坟墓
Grab №2.

正视图的剖面 a—b
Grab №3.

Schnitt a-b.
Ansicht.
Grundriss b.

图 518. 陕西南部和四川北部的田间坟墓

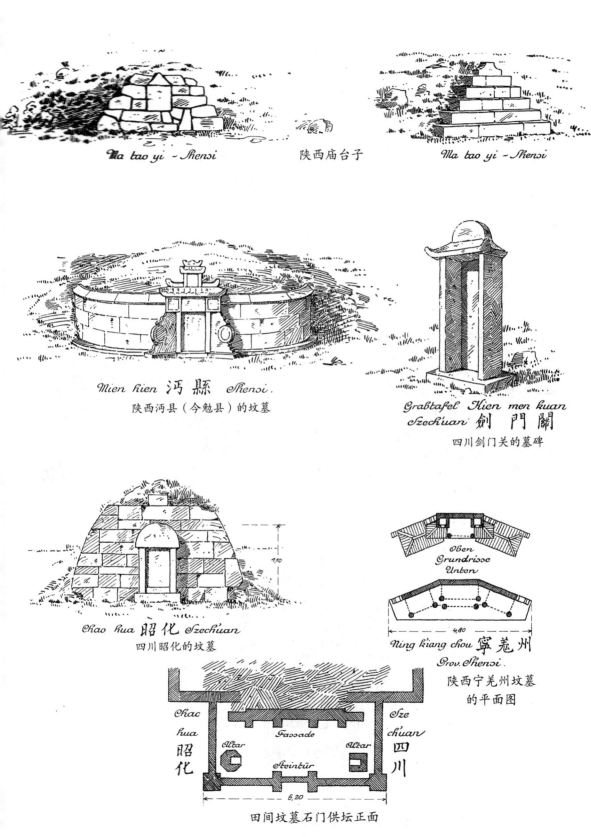

Ma tao yi - Shensi

陕西庙台子

Ma tao yi - Shensi

Mien kien 沔縣 Shensi.

陕西沔县（今勉县）的坟墓

Grabtafel Kien men kuan Szech'uan 劍門關

四川剑门关的墓碑

Chao hua 昭化 Szech'uan

四川昭化的坟墓

Oben
Grundrisse
Unten

4,80

Ning kiang chou 寧羌州
Prov. Shensi.

陕西宁羌州坟墓
的平面图

Chao hua 昭化   Sze ch'uan 四川

Altar   Fassade   Altar

Steintür

6,20

田间坟墓石门供坛正面

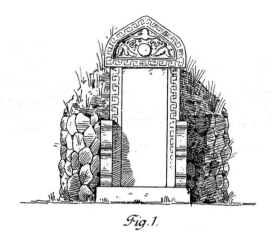

Fig. 1.

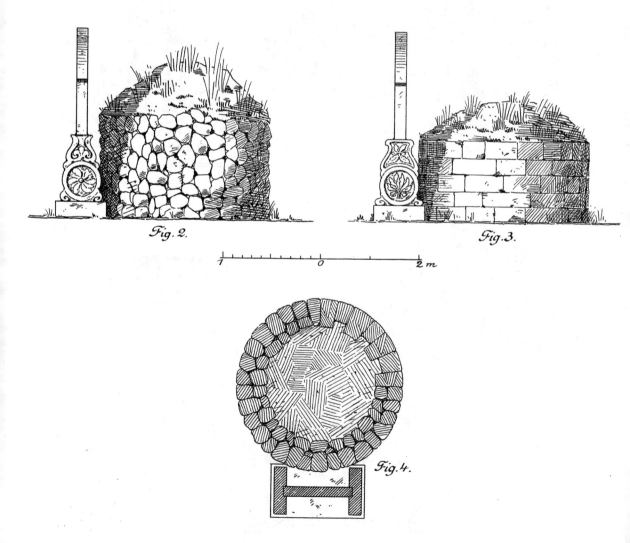

Fig. 2.

Fig. 3.

Fig. 4.

图 519. 四川雅州府附近田间的坟墓

图 520. 浙江宁波府附近平原上的墓群。此处为老式的土丘型坟墓

图 521. 湖南醴陵县附近的坟墓

图 522. 湖南株洲的坟墓

图 523. 湖南醴陵县县城附近的坟墓

图 524. 广东广州北部大型墓地中的坟墓

图 525. 广东广州北部大型墓地中的坟墓

图 526. 广西北部路旁坟
墓的正视图

图 527. 广西北部路旁坟
墓的台阶。墓碑四周装
饰华丽：两条龙盘于两
旁柱上，扑向墓碑和宝
珠。宝珠位于中轴线上，
由更上方的两条龙的尾
巴持住。这些龙均向宝
珠咬去，却无法够到，
一条蛇将它们的尾部攥
住，使得这两条龙毫无
招架之力

图 528. 浙江宁波府的坟墓

图 529. 浙江宁波府的坟墓

图 530. 浙江宁波府的坟墓

图 531. 浙江普陀山上居士的坟墓

图 532. 四川北部简州坟墓的正视图

图 533. 四川北部简州坟墓正面的局部视图

图 534. 四川长江岸边万县坟墓的正视图。此坟墓为任思守及夫人周氏的合葬墓

图 535. 陕西秦岭庙台子以南的坟墓

图 536. 四川北部昭化的坟墓群

图 537. 四川北部昭化的坟墓

图 538. 陕西南部与四川交界处宁羌州的坟墓

图 539. 四川雅州府家族墓地的正视图。此为张学明（德文）及其两位妻子王氏和高氏的坟墓。张学明逝于 1877 年 3 月。正面嵌有六对大型的、构造丰富且施以浮雕的石碑。两端为饰有浮雕的门。五座独立的墓碑立于前方围起的院子中。碑前设有五张供桌，每张供桌配有八条石凳

图 540. 四川雅州府家族墓地正面的局部视图

图 541. 山西太原府南部的墓地

图 542. 山西灵石县的墓地

图 543. 陕西汉中府的墓地

图 544. 山西汾州府的墓地

图 545. 四川昭化的墓碑

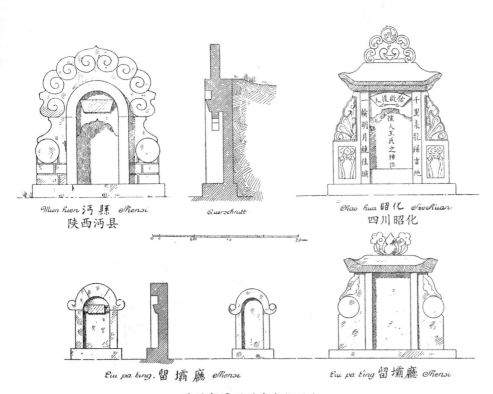

Muen kuen 沔縣 Shensi
陕西沔县

Querschnitt

Chao hua 昭化 Szechuan
四川昭化

Liu pa ting 留壩廳 Shensi

Liu pa ting 留壩廳 Shensi

陕西留壩厅（今留坝县）

图 546. 陕西和四川的墓碑

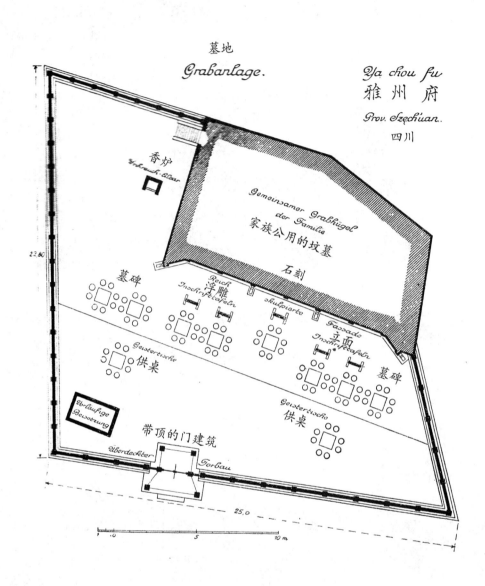

图 547. 四川雅州府一座家族墓地的平面图

图 548. 浙江普陀山山顶的和尚墓

图 549. 福建福州府的豪华坟墓。坟丘四周围有凸起的马蹄形墙体，后方另设一道树木形成的马蹄形壁垒

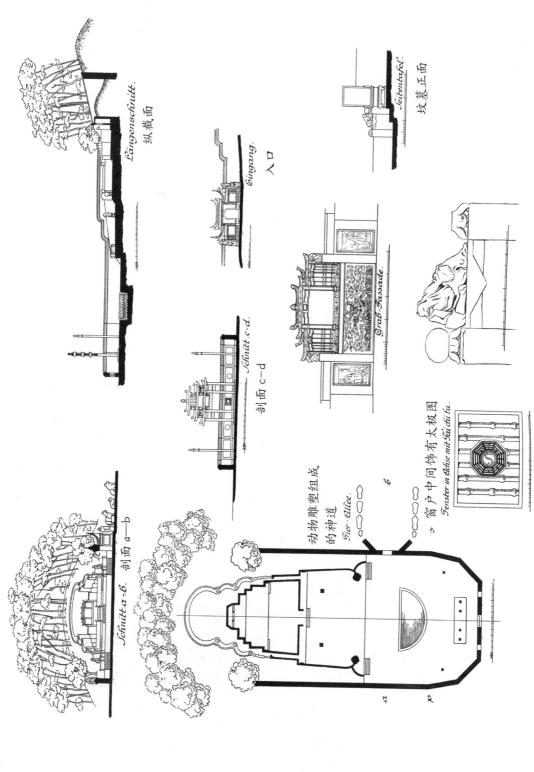

Langenschnitt.
纵截面

Eingang.
入口

Schnitt c-d.
剖面 c-d

Seitentafel.
坟墓正面

Grab-Fassade.

Schnitt a-b.
剖面 a-b

动物雕塑组成
的神道
Tier-Allee.

窗户中间饰有太极图
Fenster in Chöse mit Tai chi tu.

图 550. 福建福州府的豪华墓地。墓主人为逝世于
1831 年的刑部尚书陈望坡

图 551. 福建福州府一座豪华墓地的正视图。图中浮雕可能为死者肖像，设计极不寻常

第十八章 石碑

供奉神明的路边祭坛以及承载被神化的祖先灵魂的陵墓，其明确表达了人们对土地的敬仰和神圣化，而一系列纪念建筑则为大地的神韵锦上添花，使其具有艺术色彩。这些建筑极富个人特征，个性鲜明，却丝毫没有影响它们的功能——使人们铭记民族历史中的卓越典范，并且在漫游大江南北时，始终可以重温那段回忆。过去那些值得称颂的男男女女的鲜活事迹在这些无比崇高的见证下得以留存，之前关于祠堂的论述已经对此进行了深入的赏析。而对大众来说，更为熟悉、更常接触到的还是那些真正的纪念碑，也就是下面即将探讨的石碑，以及具有纪念意义的大门——牌楼。那些优美的建筑物大多直接建在路上或在其不远处，它们别具一格的样式自然而然地吸引了路人的目光。其最重要的组成部分为匾额和字牌，上面写有颂扬被纪念之人生平和功绩的文字。

在坟墓或其他重要地点安放碑石的习俗普遍存在于各个时代的各个民族中。但是没有任何地方像中国一样，将它发展为社会和国家层面上的真正准则，更重要的是其与广阔的自然图景紧密相连。这是由一系列原因造成的，而起决定性作用的是思想方面的因素。笔者此前已经指出，中国人出色的历史观始终旨在以古为鉴，造福今人。在街边对先人典范表达敬仰便是这种思想的体现。碑文字句通常较为详尽，即便没有读过，也可直接领会。不过就算碑石上除姓名之外常常只有寥寥数字，这些文字也被视为神圣的象征。它们在中国比在西方重要得多，是对死者生前性格的间接描述。此外，将面向公众的铭文刻于石上的习惯也与西亚和印度的古老习俗相吻合。如果说中国现存的大量巨型文字石刻是随着其他地域的佛教摩崖石刻一同传入遥远的东方的，那么毫无疑问，制作公共石刻文字的风俗和东西方之间的相互影响也是从这里开始的。纪念碑高耸的艺术造型及其至广的传播范围要归功于中文的书面形式。单个的中文符号以及由美妙的书写方式、表意内容和韵律排布所形成的整体风格，对美化、完善石碑及其边框的支座、修饰工艺也始终起着推动促进的作用。

刻有碑文的石碑遍布中国大地，在建筑群内部更是数量众多。它们除了作为陵墓的重要构成，还立于寺庙的门前和院落之中，有时则以大片碑林的形式出现，也是记录历史关系以及思想、宗教内容的重要文献资料。那些地方的石碑通常以一只巨型石龟为基座，不过平原上有时也会出现此类纪念碑。这种动物既是长寿的象征，也暗示着纪念和文物本身的不朽。北京国子监辟雍宫长长的回廊中摆放着两百多通这种被称为"碑"的石头，上面刻有儒家经典著作；在北京孔庙，另一些外形相似的石碑上则记录着乾隆皇帝的政绩和统治情况；在陕西的古代都城西安府，人们将碑林设置成一座世界上独一无二的博物馆，在宽敞的大厅和走廊中展示着从 1 世纪直至近代最负盛名的数千方碑。石碑的重要性可见一斑。

此处仅着重介绍旷野中的那些为卓尔不群的男性设立的石碑，偶尔也会有女性石碑。立碑多为表彰官员、学业有成的文人、造福大众之人，以及为行会做出贡献的商人或其他人士。可想而知，立碑人主要来自被纪念者原本的家族，目的是让亲眷扬名立万，进而惠及自身。因而大多数情况下，立碑的费用由立碑人承担，有时也由逝者友人和志同道合者出资，或由他们在更广的圈子里集资。无论如何，纪念碑的设立都是一件公共事务，因而必须得到官府甚至皇帝本人的许可。这种纪念碑在中国各省随处可见，难以计数，且大量集中在城门前一段长长的街道上。图片中的示例除了少数几个出自山东和四川，其余全部出自山西和陕西。此类建筑在那里的数量最为繁多，在自然风光中也显得最为独特。

石碑按其样式可分为单体碑（有的为素面，有的饰以或简单或繁复的边框）、封闭式碑楼内的石碑，以及设于开敞通透的碑亭并拥有其他相关建筑的石碑。当然，墓碑与墓立面的形式在很大程度上与单体碑相似。因此，一些墓碑也被收入本书图片中。单体碑的碑首普遍采用高浮雕，且常在两条龙之间镌刻出表示皇帝许可的文字。碑座为方形或龟形，而在做工更为华丽的建筑中，还会建造一个较大的平台，再围以高大且工艺精湛的石栏。如果石碑两边有凸起的边柱，且配有屋顶样式的顶盖，那么人们则倾向于将这些屋顶设计得活泼灵动，使其区别于单一严肃的石板式样，并通过富丽堂皇的顶部装饰来加强这种效果。在陕西和四川，这类石碑的上部轮廓在天空的映衬下显得尤为鲜明。相对于北方更为保守的样式，这些建筑的动感则明显强烈得多。那里还有被石立柱栅栏完全围起的石碑，以及一种由多块石板组合成的更富韵律感的样式。这些石板并列在一起，按牌楼的形制加上石柱和屋顶，形成一座整体式建筑。

山西和陕西还建造出了砖石结构的碑亭。它们大多以砖为材，实际上只是由墙体或立柱组合而成的建筑，里面的龛位上放置石碑。上部建筑和装饰完全照搬屋顶的设计，这令人联想到狭小而又独立的建筑物或庵庙。这些屋顶的外形千姿百态，而碑龛规整排列在一起的垂直线条却形成一种宏大的主题，尤其当三四个碑龛为一组放置在一起，甚至多个此类碑亭并排，或者旁边再加上一些单体碑时，这一主题表现得最为清晰。在陕西，以丰富的陶塑装饰碑亭尤为常见，它们通常颇具艺术价值。而在河南，这些装饰更上一层楼，常有绝妙的小型艺术品出现。接下来的一种形式是将封闭式碑亭完全分解为支承屋顶的独立立柱，碑石单独立于其间。若有两通或更多碑石，这些立柱也会随之增加。最高级的形式则是牌楼样式，石碑置于中门或两边侧门中，人们还将它们与封闭式碑亭及单体碑组合在一起。如此形成的纪念碑群醒目而又美观，令人每当回忆起自然风光和城市近郊的景色时，总是难以忘怀它们的身影。

图 552. 陕西南部汉中府西面的石碑

图 553. 湖北宜昌府的墓碑

图 554. 湖北宜昌府的墓碑。此碑为纪念胡姓人家的一位
夫人而立。胡夫人原姓刘，逝世于 1885 年

图 555. 陕西南部汉中府西面的石碑。此
碑为纪念一位名叫陆凰荷的少女而立。她
是青羊驿人，逝世于 1893 年

图 556. 陕西南部汉中府西部带有两根旗杆石的石碑

图 557. 山东泰安府郊外由三通碑组合而成的墓碑。此墓葬有一位太学生（该省主管教育的官员）及其夫人

图 558. 山西五台山北部附近一座碑楼内的 三通石碑

图 559. 陕西汉中府西部带有高围栏的石碑。此碑正面雕有 "福" "寿" 的艺术字体，侧面为一个古钱币的艺术图案—— 含有 "财富" 和 "尊贵" 之意

图 560. 陕西西安府东部华阴庙附近的四碑亭

图 561. 山西南部安邑县附近的双碑亭。该亭位于城门前的一座小庙旁

图 562. 陕西西部凤翔府东面的四碑亭

图 563. 山西南部汾州府与灵石县交界处的碑楼群。它们部分为牌楼式样

图 564. 四川北部德阳县的石碑。石碑前有石栏

图 565. 山西南部的一组碑亭。五通石碑分布于三座碑亭中

图 566. 四川成都府北部新都县的三间式碑亭。碑前有石栏

图 567. 四川汉州附近的五间式碑亭

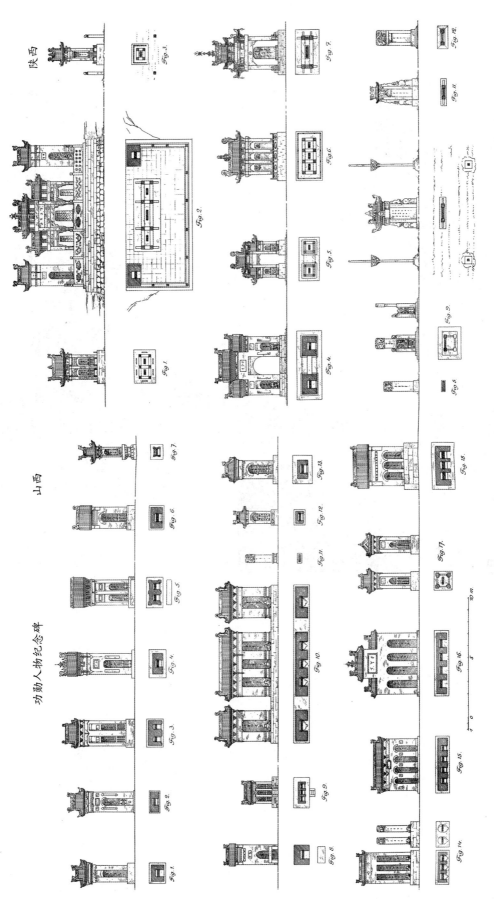

图 568. 纪念碑图片。是笔者游历山西和陕西的途中所绘，其中的一部分以照片形式在本章中重现了出来，只是没有按省份区分，而是根据样式

进行分类。另，纪念碑的位置是按旅行路线（自北向南再向西）排列的

图 569. 山西安邑县的石碑　　　　　　　　图 570. 山西太原府西南晋祠附近的石碑

图 571. 山西蒙城的碑亭　　　　　　　　　　　　　图 572. 山西太原府西南晋祠附近的碑亭

图 573. 山西汾州府灵石县北部的碑亭

图 574. 山西安邑县的碑亭

图 575. 山西汾州府灵石县南部的碑亭

图 576. 山西安邑县的碑亭

图 577. 山西安邑县的碑亭

图 578. 陕西西安府与三原县北部交界处的东里堡

图 579. 陕西咸阳县的纪念碑群

牌楼

第十九章

"牌"字指的是一块板或一块牌，上面写有表示颂扬的文字，通常相当简练，一般有表彰之意。它不同于碑，后者仅用于指代一通石板，为纪念性建筑。如果置于墓前，碑的尺寸有时就蕴含深意。楼是一种多层或楼阁式的建筑，高耸于周边环境之中，非常引人注目。这样一来，本章中的碑楼便可理解为一种带有楼阁特征的较大碑亭。碑亭中容纳着大型的纪念碑石。牌楼指的是一种较高的建筑，其上有匾额，即牌，牌匾上题有称颂、赞扬的文字。多数情况下，这些文字用来表彰和纪念逝去的有功之人。这种建筑也被称作牌坊。该词最初指的是设有纪念性牌匾的地方，后来才用于表示设有牌匾的建筑本身。"牌楼""牌坊"两个词语在中国各地均有使用，有些地区偏爱前者，有些地区则惯用后者。例如山东人便倾向于将这种纪念性建筑称为牌坊。

上文介绍了本章所探讨的牌楼建筑的中文名称，但实际上本书仅涉及一种特定形制的牌楼样式，即独立的门式建筑。它有一个或多个门洞，两旁的立柱数量与之相应，上覆或简单或华丽的顶。除了上一章所讲到的石碑，这种旌表之门完全等同于我们的纪念性建筑，然而它并不适用于王侯或皇帝。在中国，只有通过修建大型庙宇，特别是与陵墓一起，才足以表示对此类人群王侯或皇帝的崇敬与祭奠。似乎从未有过为他们而设的独立牌楼。此外，那些门式纪念物分布在城市、村镇及其周边地区，以及平原地带，其数量之多、形态之丰富雅致使得它们在中国建筑图景中占据了独特的地位。因此，有必要借助大量范例对那与众不同的建筑形式进行深入研究。

牌楼属于中国纪念性建筑这一较大的类别。根据其内在意义，牌楼可与祠堂、石碑和陵墓相关联，而所有上述建筑也时常运用到牌楼这一元素。上一章曾阐述的这种内在意义同样体现在规模更为宏大的牌楼中。被表彰之人的英灵通过纪念性大门被有意以醒目的方式与土地及周边地区结合为一体。正因如此，它们与陵墓和石碑一样显示出与神圣土地的紧密联系，同时表现出了这种关联与路边祭坛类建筑的亲缘特质。另外，它们既用于褒奖功勋卓著的先人，使其成为家族和广大群众的模范，又令逝者之魂归于土地和家乡的神化力量之中。这种双重使命也造就了牌楼所惯用的样式结构。

通过一系列的研究，修建和塑造牌楼这种中式纪念性大门的真正缘由已然十分明了。据说，以直观的方式纪念功勋卓然的逝者是为了颂扬其美德，而其首先对个人品格的形成、进而对家族的存续发挥着决定性作用。不过鉴于中国族群和国家结构的特殊性，只有某些美德会得到公开的、官方的旌表，其道德和思想内容不仅对个人及其家族具有重要意义，对国家来说更是如此。家族的美德必须与国家推崇的高尚品德相一致，这样一来，国家就有责任对维护这些品德的行为予以特殊关照，因而才能通过此类诸如准建牌楼的表彰对美德予以奖励。受国家褒奖而设立的纪念碑，不仅在有限的家族范围内，也在广大群众中成为了那些光辉模范永恒的有形见证，并且通过其精神上的教化作用巩固了国家的道德基础。

早在远古时期，帝王便会颁布诏书嘉奖对国家做出贡献的家族。早在公元前1120年，便有一个家族聚居村落的大门上悬挂褒扬榜文的记载。直至当代，获得皇帝赐建牌楼这一殊荣的主要群体仍是卓越的政治家和官员。为高级文人、进士和一些举人（类似学士）设立牌楼的风俗则主要形成于明清两代。有声望且为大众做出贡献的平民也能够获得此类嘉奖。不过，这种风俗最广泛地应用于表彰女人对丈夫及家庭的忠诚，以及因此而神圣的婚姻。家庭作为国家的细胞和基础，历来是习俗和法律特别关注的对象。家庭的稳固模式最终汇聚成中华民族的强大力量、庞大的人口基数，并使这一民族坚韧顽强和生生不息。而促使家庭运转的道德力量的承载者便是女性。她们无条件地与男性共命运，甚至自我牺牲，这便是家庭和国家兴盛的前提条件。因此，女人忠于丈夫及其家族的非凡典范可以通过立牌楼的方式加以褒奖。属于此列的有：没有再嫁并留在丈夫家的寡妇；被迫与未婚夫分开却没有背弃他，直到年龄很大时才结婚的新娘；即使未婚夫死后仍然保持忠贞，并进入夫家成为夫家真正的女儿的新娘；还有格外突出的光辉榜样——自愿追随丈夫而死的妻子。寡妇自愿殉夫的风气一度在中国泛滥，而为这些女人竖立旌表牌楼或许起到了推波助澜的作用。最终其波及范围之广，以至于18世纪初，皇帝特意下达禁令禁止建造此类牌楼。尽管如此，这种习俗一直延续到当代。此外，子女对父母的出众孝行、对一家之主的兄长的忠诚恭顺，以及四世或五世同堂、得享天伦的高寿，均可以竖立牌楼褒奖。在中国人眼中，耄耋之寿不是偶然，而是一种德行功绩的见证。据记载，最为罕见的例子是唐代一个名叫张公艺的人，他上有四代父辈，即从父亲到曾祖父均健在；下有四代子孙，即见证了重重孙的出生。当皇帝问起他长寿的原因时，这位在自家目睹了九世同堂的人写下一百个"忍"字作为回答，其意为包容随和地顺应世事。这便是中国人的最高智慧，而它的象征作用同样适用于牌楼。

牌楼的理念从安置简单的荣誉牌匾发展到成组排列的奢华牌楼是有迹可循的。早在周朝初期，便有帝王御赐题文的记录，被赐的牌匾也被悬挂在受表彰之人家族聚居村庄的大门上。这种行为相比于后世更常提及的习俗，即将牌匾固定在某家族宅院的大门上（大概置于门楣上方），显然更为隆重。直至唐代，授予此类荣誉、表彰的例子屡见不鲜，不过安放的位置仅局限于宅门、村门或者城门之上。为这种荣誉标志专门设立大门的文字记载始见于唐代，即7世纪，直到宋代，修建门形纪念碑——牌楼作为纪念性建筑物的做法才广泛普及开来。牌楼通常矗立于相关的宅院或城门近旁，且门洞始终保留了作为通道的功能，大多仍有交通往来。所以现在仍可窥见牌楼同宅门或城门的渊源。然而，在大门前的街道上或者水道沿线一侧看到的一排排的牌楼只是为了装饰而建。早在牌楼尚未问世时，一些特殊的陵墓中便已出现御赐的荣誉牌匾，因而牌楼与陵墓的结合也是顺理成章。在被授予殊荣的死者的陵墓入口处多装饰有美观的门形建筑物，其中最巍峨庄严的当属皇家陵墓。在此之后，这一令人印象深刻的建筑主题转而向纯粹的装饰形式发展，并作为独立的建筑部件逐渐成为伟大建筑艺术的缩影。牌楼可见于寺庙、官府、宫殿、城市、大型陵墓与祭祀场所的入口处，甚至城区、街道要冲、景胜之所——例如湖泊、河流的停靠点，以及长桥的尽头，皆以牌楼为标志物。天坛和先农坛一类雄伟建筑群的内部、孔庙及各大神圣名山的庙宇中，特别是喇嘛庙以及重要的宝塔前，皆惯用牌楼元素，且常常修建成形式丰富的牌楼群。因此，不管原本的内在含义是什么，牌楼已成为一种独立于建筑之外的产物，牌楼元素甚至还被应用于划分立面。这几乎是我们在中国了解到的唯一一种向门面构筑物发展的工艺。但必须承认的是，牌楼独特的发展轨迹及其样式在情感表达或元素种类上的完善均源于一种指导思想——向卓越的先人表达虔诚的敬仰之情。也正是在这种思想的驱动下，牌楼衍生出了各种美不胜收的艺术造型。

牌楼样式的发展明显受到两个不同策源地的影响，即古代中国和印度。本章首先介绍的一组样式便是冲天牌楼。它的两柱之间架有横梁，柱顶出头。此类牌楼似乎与中国古代的一种样式息息相关，后者则常见于祭祀场所、宫殿或城市地标等具有中国古代特色的建筑中。立柱顶端裸露在外的奇特造型状似旗杆，而成对立于衙署或寺庙大门处的旗杆石也是高级官员或一定级别的文人学士宅邸与陵墓的标志。旗杆石由树木、石头或铁块制成，据推测，建造这种旗杆石的传统或可追溯到十分古老的时代，并且那时便已与君王授予的嘉奖有了某种关联。北京那些引人注目的柱式门脸便是牌楼的近亲，它们与北亚甚至美国的图腾柱之间存在亲缘关系，这些在第十章已有介绍。然而有关当今的立柱样式，仅涉及与中国本身相关的。值得注意的是，在中国古代风格的门形建筑物中，即便是最简单的造型，其立柱也只有柱出头式这一种形式。类似日本鸟居^①那样顶覆过梁、两边伸出的造型绝无一例。这种差异性证实了中日牌楼的基本形式各有其独立的源头。

另一些造型美轮美奂、最为富丽堂皇的牌楼极有可能起源于印度。冲天牌楼经常以石头为原料，使用石料应该是定例。从这一点便可看出，此处借鉴的异国元素来自一个在石建筑领域有悠久历史的国家。如果确定门形纪念物最早出现在唐代，并且恰恰在建筑艺术深受西方影响的宋代才流行起来，那么牌楼就很难不令人联想到西方的范例，其中古罗马门式建筑的影响同样不可小觑。不过毫无疑问，牌楼的细节修饰再度完美地展露出中国人的思想境界，所以现在呈现在我们面前的完全是具有中式风格的艺术作品。

牌楼可设一间、三间或五间门洞，最重要的组成部分是位于两根额枋之间的横向匾额，整个建筑正是为此而建。此处的题字标示出牌楼的建造意图，大多数情况下以镌刻的方式留下固定而又永久的赞辞。额题前一般书有旌表之意的文字，正文总是一再出现忠贞之德、贞洁之功、贞洁牌坊、节烈等内容。在图注中，也列举了更多此类题字。横向匾额上方立有一块竖直的御赐牌匾，上书"御赐"或"圣旨"二字，即皇帝的旨意。此匾四周通常精雕细琢，并放置在较高楼檐的中轴线上。第三处题字位于第一处之下，同样为水平方向，写明了荣膺旌表之人的姓名和头衔，通常也有建造此牌坊人的后代子孙的姓名和字号，有时还标出了建成日期。最后一种题字常常是较长的诗文，即对子，通常位于两侧相对的柱子上。这两个垂直排列的平行句对一般是人们花重金请文人写就。

气势宏伟的牌楼几乎全部配有多重呈梯级排列的檐顶，顶部装饰奢华绚丽，突显引人注目、令人难忘的整体轮廓。额枋与雕画纹饰的横枋同样建造多层，另外砌有做工精湛的斗拱，石柱柱脚包有雕凿精美的夹杆石，以防倾倒。柱身刻着楹联，横枋和花板饰有深浮雕，有时也镂雕成多重图案。牌楼上汇集了如此多的建筑工艺，使得石牌楼成为了名副其实的纯艺术的载体。各省的牌楼风格不尽相同，建筑材料也各有差异，有的地方还会以琉璃为材料。牌楼作为一种建筑类型构成了视觉艺术乃至工艺美术的重要组成部分。尽管实例不胜枚举，此处也只能概述一些最主要的牌楼样式和风格。

---

① 鸟居，指类似牌坊的日本神社附属建筑。

冲天牌楼（参见 448—459 页，图 594—图 612）

立柱起脊，中间嵌入横梁作为额枋和花板。这种立柱造型便是最简单的样式，历史也最为久远。此样式符合木结构建筑的特点，至今仍应用于木门，尤其在中国北部地区极为盛行。柱子底部最初可能埋在土中，后来以方石包夹固定，又以戗杆支撑加强稳定性。最抽象的样式则省略装饰图案，仅有横梁。图 617—图 620（参见463 页）的石牌楼可作为典型例证。它们叠合嵌接的构件清晰可见，如同木材一般；另一方面，它们的顶端附有突兀的、仅为起到吸引眼球作用的装饰物。在此基础上再配以越过上额枋处、呈奇特拱形（大多被雕刻成云形）的楔状物，其视觉效果更醒目。该物后来成为一种常见的装饰部件，且通常毫无静力学[①]功能。柱子顶端覆有形态各异的帽状物，孔庙里的多呈毛笔形，或放置动物造像——大多为狮像。上梁中轴线的位置常常装饰样式厚重的顶饰，例如佛教中的火焰宝珠。也有的牌楼以外形制胜，它们与水平方向形成鲜明的对比，格外引人注目（参见 444 页，图 584）。这种样式也见于呈阶梯状的牌楼顶的上方，并且很好地与那种多变的轮廓融合在一起。它最初可能正是写有"圣旨"二字的牌匾。后来，独立分布的真正屋顶作为顶饰出现在立柱之间，并以这种形式流行开来（参见 443 页，图 581—图 582）。木牌楼采用了这种顶部装饰，其楼顶样式则取决于建筑的结构类型。这一元素继而应用于石质的冲天牌楼，并以刻意张扬的视觉效果更加突显出了石牌楼的轮廓。

冲天牌楼由简单的立柱横梁式框架一直发展到极其生动活泼的造型，其观感上最大的飞跃则归功于成组排列的繁复、奢华的饰物，以及同其他建筑部件和材料的结合。将这些特点展现得最为精妙的典范当属天坛和皇陵。通向天坛圜丘的几个入口各设有一组此类冲天牌楼大门（棂星门），每组各三间，均由汉白玉制成。它们完美地嵌入了顶覆蓝色琉璃瓦的圆形围墙（参见 447 页，图 590）。面向北边，在通往皇穹宇的路上，这种组合大门的数量倍增，达到六个之多。它们与那片建筑群多变的样式及明亮的色彩协调一致，也更大程度上突出了清晰的雄伟线条，以及祭坛本身与周围空间的面积。在清东陵和清西陵中，冲天牌楼同样由汉白玉制成，并以三重门相连的形式构成龙凤门。借助于精致华丽的琉璃照壁，这些大门合为一体，在庄严神圣的陵墓园林中显得别具一格（参见 448—458 页，图 593—图 610）。这些牌楼大门是古老且简单的中国冲天牌楼中光彩绚丽的分支。

---

① 静力学是理论力学的一个分支，研究质点受力作用时的平衡规律。

木牌楼（参见451—454页，图600—图605）

一些冲天牌楼题有纪念性文字，有的在顶部居中处安放了圣旨牌匾，不过大多数只是设于街道和路口以及建筑群前方的纯粹装饰性大门。而带有楼顶的木牌楼完全不可能以庄严隆重的形式安置御赐牌匾，因为出头立柱之间及其上方横跨着层层叠叠的斗拱，而屋顶直接坐于其上。这样一来，冲天式立柱出头的部分得以遮盖，就此形成了有顶的牌楼（参见451—454页，图600—图605)，也就是真正的木牌楼。这种牌楼的梁枋上仍有设置匾额的空间，但原本固定在斗拱撑木间的竖直御赐牌匾却没有了安身之处。这种竖立的牌匾必须倾斜放置，因此只是用来标注地点，即牌楼的名字，不过这种命名仍无损于其高雅尊贵的内涵。事实上，这些有顶木牌楼似乎全部是入口处的大门和装饰性的大门。如果三间或五间的木牌楼顶呈阶梯状，且两侧的边楼为庑殿顶，便会塑造出一种雄浑壮观的轮廓（参见452页，图601—图602）。牌楼的这一样式应可回溯到上古时代，在历史悠久的山东、山西、陕西和河南仍可找到大量遗迹。

有一种木牌楼样式与众不同。它虽然是木结构建筑，却独树一帜。实际上，它是将石建筑加工工艺应用到了木结构建筑中。这种样式或许仅存在于北京及其周边地区，在中国其他地方几乎没有发现（参见453页，图603—图604）。上额枋铺设在短短的木柱上方，或者嵌入其中。引人注目的上部建筑由绘有纹饰或镂空雕刻的大块方板组成，方板之间及其上的水平木料上分别覆有楼顶部件。这些楼顶不以上下贯通的方式保持稳固，必须使用铁棍固定。中国人之所以能够容忍这种不合常理的做法，是因为这些牌楼所呈现的效果无与伦比。显著的镂空设计减弱了外形庞大的视觉印象，就连雕刻着纹饰的枋板也大多制成透雕的形式，而镂空的斗拱架起的楼顶更好似悬浮在空中。不仅如此，这些牌楼还装饰着五彩斑斓的彩画，它们与楼顶琉璃瓦的釉彩组合而成的效果仿如真正的仙境（参见454页，图605）。在此之前本书已通过实例介绍过用色的风格，此处明快的设色显然只是借鉴了石建筑工艺，更确切地说是琉璃建筑。北京及其周边地区的一些精美绝伦的牌楼便是以琉璃建造的（参见455页，图606）。这些以黄色和绿色为基调的五彩琉璃牌楼是名副其实的杰作，不过它们同样只是设于入口的牌楼大门。正如这一类别的另一些主要代表——位于皇陵入口处恢弘壮丽的汉白玉牌楼大门。

五间式牌楼（参见 457—462 页，图 608—图 616）

位于北京北部的明十三陵以及位于北京东边的清东陵和西边的清西陵均环绕着一条巨大的中轴线——神路。它也是通向各陵墓享殿的道路。三个陵区的神路途经众多大型文物建筑，排在首位的均是汉白玉五间式牌楼。在清西陵主入口前，除了中轴线上的牌楼，还有两座牌楼垂直分列于两侧。它们与主牌楼以及实体结构的大门围成一座宏伟开阔的宫院。尽管这些牌楼建于不同的年代，但它们的结构和尺寸大体相同，即宽约 31 米，高 13—15 米。明十三陵的牌楼由嘉靖皇帝于 1540 年建造，清东陵的牌楼极可能是顺治皇帝于 1650 年前后所建，而清西陵的三座牌楼或由雍正皇帝于 1730 年左右建造。值得关注的是，巨型明陵牌楼的石结构形式早在那时便已确立，而上文提到的带顶木牌楼虽然以华丽的琉璃牌楼走向辉煌，却不过是那些早期基本样式的重复再现。明十三陵的牌楼已显示出了尽善尽美的造型。楼顶与匾额构造得当，比例美观，明楼、次楼、边楼与夹楼随着阶梯形梁架有序升降。花板已划分为格状，上方的横枋越过立柱向外延伸，嵌入匾额侧端，在整个枋架中建立起坚实的结构。

这些五间式牌楼因其独一无二的造型而得名。它们被设计得高大宏伟，同时，中国人还将细节之处修饰得栩栩如生，并饰以多种多样的浮雕以示分别。琉璃瓦屋顶以及不计其数的斗拱梁架构件直接实现了轮廓与天空的对比效果，也调和了长方形石构架的生硬严肃之感。不过在每根立柱柱脚的石板上，雕刻工匠们尽情挥洒想象，创作出了既活灵活现又严谨规整的浮雕作品，其主题包括常见的象征元素麒麟、龙和狮子，自然元素——大地、水流、空气与火焰，以及植物和卷须。仔细对比各种浮雕可以发现完全相同的题材随着几百年时间的推移，风格上发生了明显的变化。雍正后期，牌楼在原有装饰的基础上，将横枋和顶饰全部雕绘出纹样图案，以此形成了这种牌楼类型的最后一支流派。在牌楼大门中，五间式牌楼始终是这一领域的最高成就。

山东
（参见 463—471 页，图 617—图 633；
474—476 页，图 641—图 646）

山东自古以来就是高级雕塑艺术之乡。不仅因为这里存有大量汉代及之后朝代的遗迹，其数量之多，其他任何省份都无法企及，还因为这里保留了大量各种类型的石碑。它们或作为现世的参与者，装点着村庄和平原，或从发掘的陵墓中重见天日。人物塑像、纹饰雕塑展现了人们对石雕技艺的精通和对塑造形象的热忱，但与此同时，在可被视为巨型雕塑的构图设计中，这些雕塑技艺也表现出极高的固定性和一致性。自孔子的时代起，山东便成为了儒学之乡，而石牌楼恰好在这里最为繁盛。人们往往将上述特性全部汇集于石牌楼，并将其作为浮雕艺术的载体。此外，它们的结构更是显示出一种宏伟的建筑理念以及适度的严谨与庄重。至于后者，山东在所有领域中都以此著称。例如，这种特性甚至可以体现在人的外表举止以及服装的剪裁样式之中。即使在今天，想要详细证明中国文化和艺术因省份不同而产生的变迁也只能做到泛泛而谈。而说到牌楼，人们不但能感受到，还能确切地指出一系列地方特色。气势雄伟的山东石牌楼的构造与中国其他地区的相比，有如下特征：门洞较低，上部建筑厚重、宽阔且高大，柱梁尺寸宽大粗壮，额枋和花板叠置多层，且紧凑地组合在一起；夹杆石和柱础体型巨大，立柱基座于两侧形成连接在一起的平台，因而只有中间可供通行。此外，石楼顶加以简化，巨大的斗拱部件位置清晰且间隔较远，因而其中轴线上可以容纳御赐牌匾；次楼和边楼上下重叠，即构造上真正出现了两侧的轴线；屋顶起翘大多极不明显，但檐角水平挑出极远；屋顶装饰有限。花样繁多的雕塑伴随着这种严肃冷硬的风格出现，不过就算立柱有时满饰浮雕，它们也仅起到陪衬的作用。象征性纹样与常常以详细故事呈现的人物塑像通常被雕凿成最为立体、不拘形式的高浮雕，再根据合适的建筑学效果被安排到少数关键位置。需同时雕刻多处表面时，则仅使用浅浮雕或平雕。本书从山东石牌楼中选出的少量实例足以证明这是一种十分了不起的建筑艺术，它的结构布局、造型的力量感与想象力，以及如画般的装饰，在性质、价值，甚至是尺寸上，均与我们历史上著名的门式建筑平分秋色，但是前者的数量远远超过后者。值得注意的是，山东尚有大量牌楼为明代所建。

夹杆石（参见 471—477 页，图 633—图 648）

上文已经提到，牌楼以戗杆和柱础加固立柱，防止倾覆。通过山东的例子明显可以看出，人们极为重视对这种所谓夹杆石的艺术加工。此处具有明确的结构功能，而它的存在也促生了各种各样的装饰形式。高耸坚实的石板接近于方柱式样，在台基上为立柱提供支撑，其外形雕凿得巨大而浑厚。凸起的轮廓间几乎总是设有一个石鼓形的主要部件，如同镶嵌在石块中，又常常好似放在真正的垫子上（参见 471 页，图 633—图 635）。这一元素遍及中国各地，然而其起源和意义尚不明确。笔者倾向于认为，从理念和形式来看，这种石鼓同中国的鼓有一定的联系。人们显然是想将那种中式祭祀用具作为圣物添加到这种纪念性大门中。不过为了将这种独特的元素保留下来，其侧视图无论如何都需塑造成圆形。这种形状与牌楼中的其他所有单一样式均形成鲜明的对比，对于中国人来说效果足够强烈。在中国南方地区，特别是广州，这种圆形物完全演化为一种太阳的象征（参见 473 页，图 640）。在那里以及中国其他地区，尤其是中部和南部，这种样式的抱鼓石被应用于门柱和门槛处，作为一种巨大的装饰样式。不过，这种石材极薄，几近片状。它被南方人赋予了宝珠或太阳的寓意，在祭坛中，特别是墓碑处，应用极为广泛。中国人热衷于对各种想法和艺术形式进行发散和融合。

除了纯装饰性的外形，夹杆石也是雕刻独立塑像的绝佳之处，不过雕塑的装饰皆具有象征意义。广受欢迎的题材自然是狮子，其变体形象在中国各地层出不穷。于是，夹杆石的造型便分解为柱础和狮子两部分，而这里的狮子实际上发挥了支撑的作用，即有保护性功能（参见 475—476 页，图 645—图 646）。柱础本身往往具有多层次结构，且雕饰繁复。此处的各种变体和设计方案数不胜数，大概中国人已尝试过所有可能类型。开封府的一组宋代夹杆石（参见 477 页，图 647）造型沉稳，如教科书般简单朴素，但各个元素结合在一起的样式又足够灵动。图 648（参见 477 页）所示的来自四川的样式则与此形成对比，它既富有想象力，又显轻盈优美。狮、象与鼓有机结合在一起，并且这些组合与简洁的柱础相对，营造出一种艺术感十足的效果。

在一些夹杆石处，身披铠甲的武士雕像或蹲坐于基座上，或骑着狮子。这些单体塑像使夹杆石也变得独具生命力。前文曾在介绍栏杆柱头时述及此类人物雕像。在山东，它们总是仪态沉静；而在四川，尽管夹杆石也被广泛地雕成人物群像，人们却习惯于将它们设计得更为平易近人（参见 478 页，图 649—图 650）。这种单体塑像为牌楼增添了最强的装饰效果，但从不独立放置，而是始终装饰着雕有奢华纹饰的基座和周围柱面。这些纹饰为塑造真实的人类生命提供了自然和谐的背景（参见 474 页，图 641—图 644；475—476 页，图 645—图 646）。

南方诸省（参见 472 页，图 636—图 638；479—482 页，图 651—图 660）

从中部和南部一些省份选取的实例主要集中在湖南和四川两地。这些为数不多的例子明显带有更为自由的风格，关于这种风格之前已有不少论述。其中的显著特征包括：比例关系更为灵活；门洞与上部建筑的宽、高变动更加频繁；更加经常地舍弃构造的严谨性，例如三层楼顶的中间一层直接搭建在柱子上，而不是严格位于它们原本的轴线上。此外，立柱和横梁要薄得多，这也是它与北方牌楼的一个本质区别；立柱基座相互独立；雕刻装饰更加轻巧自由；同一牌楼中，浮雕深浅不一，题材类型各异；图案自由多变；有时配饰、题字和楼顶装饰过于繁杂；同一座牌楼因不同石材和彩画而形成色彩对比鲜明的效果；人物浮雕及群像的设计更活泼生动。尽管个体之间还存有许多差异，但不可否认的是，拥有上述风格特色并放松结构约束的南方牌楼达到了一种高雅动人的境界，若再配以明晰的结构形式，有时甚至可以造就出绝妙的产物（正如广西北部的冲天牌楼那样，参见 479 页，图 651），而北方永远不可能打造出这样的建筑。但另一方面，这种气质也导致出现了格外繁缛的发展走向，尤其是在既受到西边西藏地区文化影响又遭遇了南边南亚文化冲击的地带，例如在四川西部地区，牌楼的外形从整体到细节无不充斥着奇思妙想，无所不用其极（参见 481—482 页，图 657—图 660）。

砖石牌楼（参见 483—485 页，图 661—图 667）

这些建筑基本属于一种全新的牌楼类型。其顶部的阶梯形结构仍与之前所述的牌楼保持一致，但除此以外，它们则是由实心砖墙筑就，且大多设有拱形券门（参见 483 页，图 661—图 663）。牌楼上常以陶塑装饰。乍看之下，这种庞大的外形会令人自然而然地联想到罗马式大门，而无须猜测二者之间是否存在直接联系。奇怪的是，这一式样仅出现在中国南部地区，与前文描述过的那些轻巧优美的牌楼造型同时存在。本书所选的两个典型实例（参见 483 页，图 662—图 663）似乎为明代建筑，但有关其建造年代的更多细节无法查明。后来，这种砖石牌楼的用途从过街式大门过渡为入口大门，最后完全变为牌楼式样的大门框架（参见 484—485 页，图 664—图 667）。如此一来，牌楼的建筑理念经历了一次逆向发展——它最终回归到房子或宅院的大门处，而那里也是它的发源地。这样它就成为了房屋的一个组成部分，并首次为房屋增添了独立门面的设计构想。

牌楼门（参见 486—492 页，图 668—图 677）

房屋立面的门洞上设有屋檐与边框，其中最简洁的仅在狭窄的门扇顶部砌筑牌楼式门罩，其式样、色彩全都活泼生动。这种样式以及在门的两侧划分出更宽区域的做法，基本仅限于中国中部地区，特别是湖南、四川两省。因而，那里的细节修饰也总是充满了想象力。两省均大量运用了技艺高超的灰塑与陶塑，四川还使用了五彩缤纷的瓷片来丰富建筑。瓷片作为屋顶装饰的一个重要组成部分，之前已有介绍。另一个十分流行的元素则是造型奇特的八字墙，其檐角呈斜翼状，为牌楼的外形增添了一种有机的上部结构。有时，牌楼门设有五个轴线，外观已近似于真正的门面，例如酆都县一座寺庙的牌楼门（参见491页，图675）。笔者遇到的最后一种进阶形式，也是最高级的一种，出现在两个寺庙门面上——一个位于四川西部的灌县（参见492页，图676），另一个则在陕西南部的汉中府（参见492页，图677）。尽管宽大的墙体背后矗立着独立的大殿，而这些门面原本也只是它们的遮挡物，但是有一部分屋顶已与立面墙体直接相连，并且显而易见的是，这种门面试图借助组合在一起的大门、横贯左右的花板以及建筑与装饰中所有部件的和谐共存，将多座建筑物整合为一体。这些结构安排是中国独有的发展流派，只是中国人未能沿着这一方向继续走下去。由于内在需要，此时必然产生了对新形式的需求，而原有的式样门类已不足为用。无论如何，中国人能够将牌楼元素演化出类似早期门面这般雄伟的建筑主题的思路值得一探。

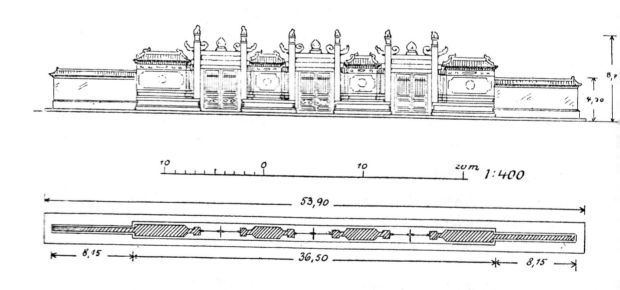

图 580. 清东陵孝陵神路上的龙凤门

图 581. 北京孔庙入口的冲天牌楼。匾额为"国子监"

图 582. 北京哈德门大街的牌楼。俗称东单牌楼

图 583. 山东济南府南部灵岩寺山谷入口处的牌楼。额题为"灵岩胜境"

图 584. 四川成都府的牌楼。从牌楼大门望向原蜀王府——如今的官府。匾额为"为国举贤",意思是为国家求取贤能之才

图 585. 浙江宁波府和天童寺之间的牌楼。该牌楼为许（Hü）姓进士为其祖父所建，建于 1579 年。其祖父曾是当地县衙的一名官员

图 586. 湖南长沙府孔庙的棂星门

图 587. 北京西山碧云寺附近无梁殿旁一处残损寺庙中的牌楼。约建于 1750 年

图 588. 北京西山碧云寺附近无梁殿旁一处
残损寺庙中的牌楼的局部视图。照壁上饰
有麒麟图案，约建于 1750 年

图 589. 北京西山碧云寺附近无梁殿旁一处残损寺庙中的
牌楼的局部视图

图 590. 北京天坛圜丘坛向北至皇穹宇通道上的两组三间式牌楼

图 591. 北京西山碧云寺一座损毁的寺庙中的牌楼

图 592. 明十三陵前一座牌楼的局部视图。图中为三扇龙凤门中的一个

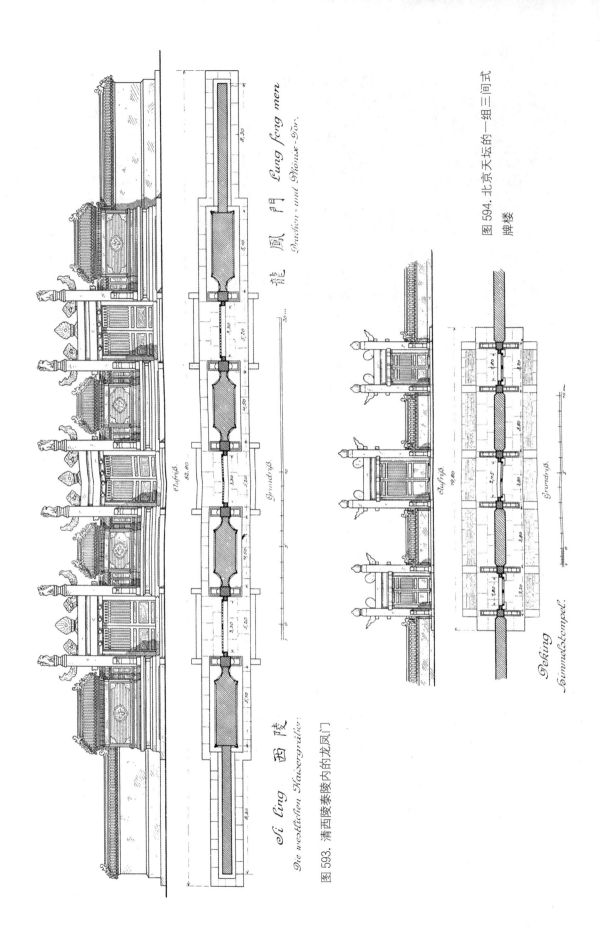

龍 鳳 門 Lung fong men

Drachen- und Phönix-Tor.

Si Ling 西 陵

Die westlichen Kaisergräber.

图 593. 清西陵泰陵内的龙凤门

图 594. 北京天坛的一组三间式牌楼

Peking

Himmelstempel.

图 595. 清西陵泰陵的龙凤门。它是昌陵牌楼的一部分，以大理石和琉璃陶件为材料

图 596. 清西陵泰陵龙凤门的局部视图

图 597. 清西陵泰陵龙凤门的局部视图

图 598. 清东陵附近一座王公陵墓前的牌楼。墓主为一名功勋卓著的将领

图 599. 山东胶州贡院前的单门牌楼

图 600. 北京故宫的三间式牌楼。此牌楼位于连接北海和中南海的桥梁的东头，匾额上写有"玉蝀"；桥梁西头牌楼的额题为"金鳌"

图 601. 山东济南府贡院前的三间式牌楼

图 602. 山东济南府孔庙入口处的五间式棂星门

图 603. 北京雍和宫三重檐牌楼大门中的第一座——西牌楼。此图拍摄于门内的东面。匾上题有"福衍金沙"

图 604. 北京颐和园万寿山旁一处湖水北岸上的牌楼

图 605. 北京雍和宫的彩绘木牌楼。根据中国原画绘制，大小为原作的五分之一

图 606. 北京国子监辟雍宫入口前的琉璃牌楼

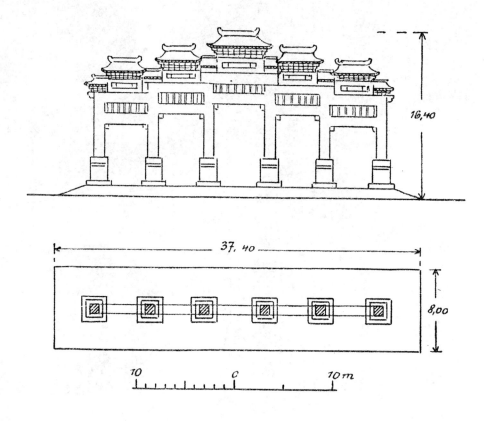

图 607. 清东陵孝陵神路上的五间式牌楼

图 608. 明十三陵主入口处大理石材质的五间式牌楼。建于 1540 年

图 609. 清东陵主入口处大理石材质的五间式牌楼。约建于 1650 年

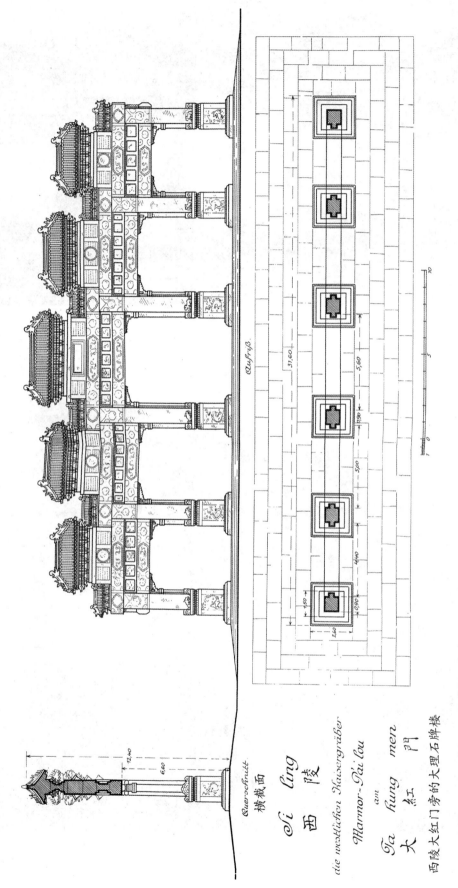

横截面

Querschnitt

Si ling 西陵

die westlichen Kaisergräber

Marmor-Pai'lou

an

Ta hung men 大红门

西陵大红门旁的大理石牌楼

图 610. 清西陵主入口处的侧视图和正视图。即大红门前面的三座巨型五间式牌楼之一

图 611. 清东陵五间式牌楼柱础上的浮雕。每座柱础上均雕有绕球嬉戏的双狮，此处的球代表着宝珠

图 612. 清东陵五间式牌楼柱础上的浮雕。每座柱础上均雕有绕球嬉戏的双狮，此处的球代表着宝珠

图 613. 清东陵五间式牌楼柱础上的浮雕。每座
柱础均雕刻着游龙戏珠

图 614. 清东陵五间式牌楼柱础上的浮雕。每座柱
础均雕刻着游龙戏珠

图 615. 清西陵五间式
牌楼柱础上的浮雕——
麒麟松下戏珠

图 616. 清西陵五间式牌楼上的石雕横枋

图 617. 山东潍县一座官府入口的牌楼。匾额为"福绥黎庶"

图 618. 山东高密一条街道上的纪念牌楼。匾额为"旌表节孝""名标彤史"

图 619. 山东泰安府郊外的牌楼

图 620. 江苏苏州府郊外更为雅致的梁枋和楼顶

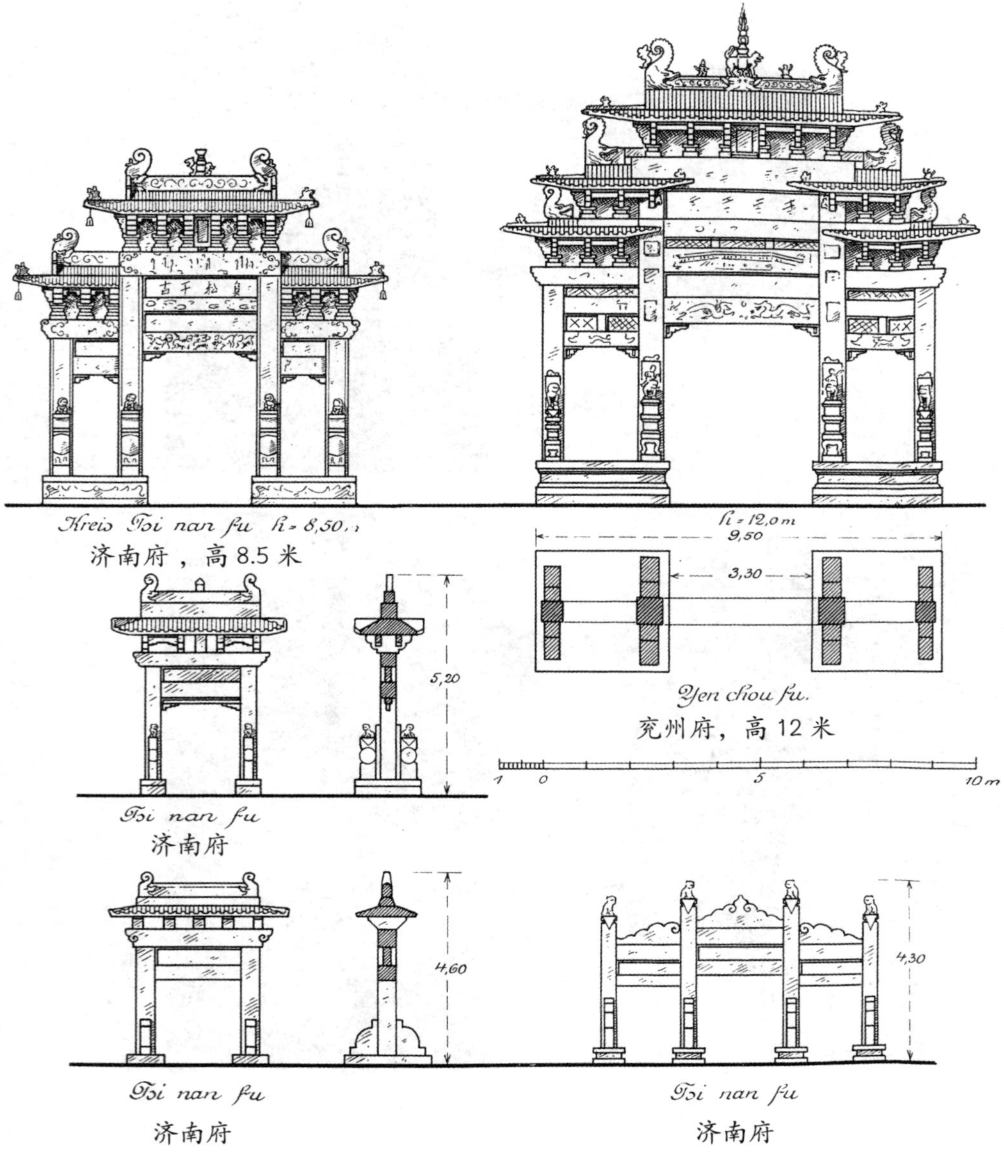
Kreis Tsi nan fu h=8,50 m
济南府，高 8.5 米
h=12,0 m
9,50
3,30
Yen chou fu.
兖州府，高 12 米
1 0 5 10 m
5,20
Tsi nan fu
济南府
4,60
4,30
Tsi nan fu
济南府
Tsi nan fu
济南府

图 621. 山东济南府、兖州府的石牌坊及其细节

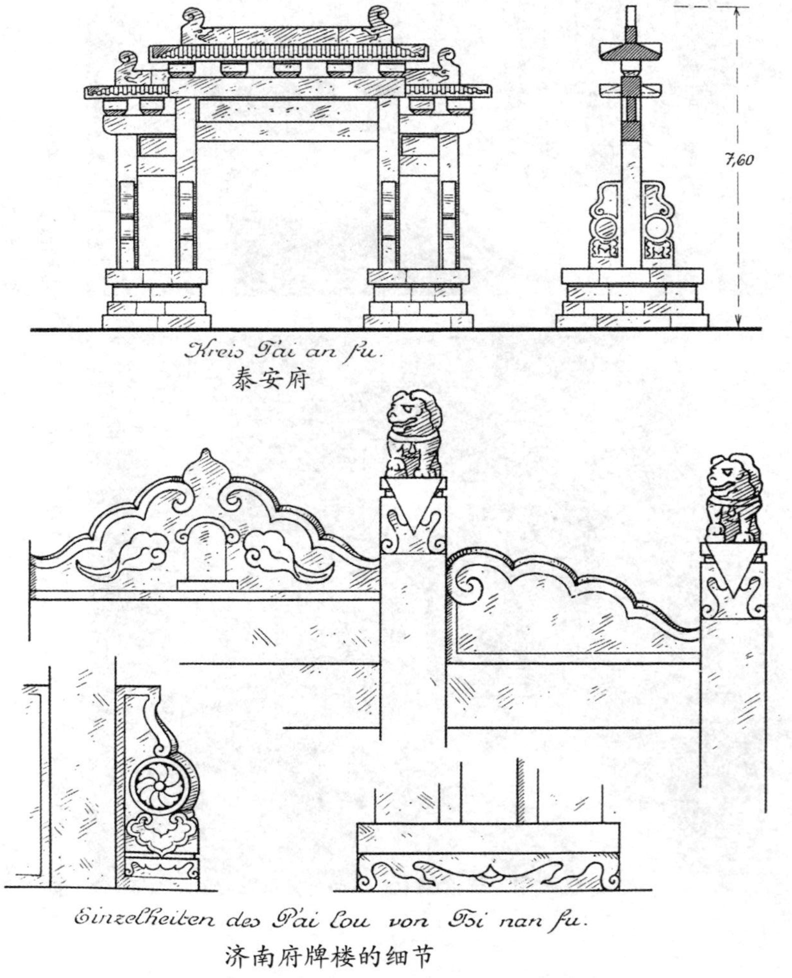
7,60
Kreis Tai an fu.
泰安府
Einzelheiten des Pai lou von Tsi nan fu.
济南府牌楼的细节

图 622. 山东泰安府、济南府的石牌坊及其细节

图 623. 山东曲阜县的牌楼

图 624. 山东兖州府的牌楼

图 625. 山东济南府南部的牌楼。匾额为"贞松千古"

图 626. 山东泰安府和济宁州之间宁阳县的
牌楼。匾额为"敕褒节孝"

图 627 山东兖州府一座牌楼上的横枋。写有额题"祖孙进士""翰林院"简讨祖范坤范坤行人司行人孙范泂泰

图 628. 山东潍县郊外一座牌楼上的横枋。建于 1863 年，额题大意：刘夫人，原姓臧，节孝

图 629. 山东泰安府郊外一座牌楼上的横枋

图 630. 山东潍县郊外一座牌楼上的横枋。匾额为 "冰清玉洁"，可见是为表彰节孝而建

图 631. 山东泰安府泰庙的牌楼大门

图 632. 山东曲阜县孔庙东侧通道上的纪念牌楼。匾额写有皇帝御赐的"节并松筠"。纪念的是孔氏家族中一位原姓陶的诰命夫人

图 633. 山东曲阜县的牌楼

图 634. 清东陵附近一座王公陵墓中的
牌楼

图 635. 浙江杭州西湖岸边的一座牌楼

图 636. 湖南醴陵县一些门柱和门槛上的抱鼓石

图 637. 浙江杭州西湖湖畔圣因寺门柱和门槛上的抱鼓石

图 638. 浙江杭州西湖湖畔圣因寺门柱和门槛上的抱鼓石

图 639. 陕西西安府北部东里堡的门柱和门槛上的抱鼓石

图 640. 广东广州陈家祠门柱和门槛上的抱鼓石

图 641. 山东兖州府街道上的石牌楼柱础。该牌楼是为了纪念一位范姓知府

图 642. 山东兖州府街道上的石牌楼柱础的近景图。该牌楼是为了纪念一位范姓知府

图 643. 山东兖州府街道上的石牌楼柱础的局部视图。该牌楼是为了纪念一位范姓知府

图 644. 山东兖州府一座石牌楼的柱础

图 645. 山东泰安府石牌楼的柱础

图 646. 山东曲阜县石牌楼的柱础

图 647. 河南开封府宋朝皇宫内的
一座牌楼。约建于 1000 年

图 648. 四川长江边酆都县的一座
木牌楼

图 649. 四川北部梓潼县附近砂岩质牌楼的正视图。其上绘有丰富的彩画，是为表彰范夫人（原姓余）的节孝而建

图 650. 四川北部梓潼县附近砂岩质牌楼的局部视图

图 651. 广西北部一条路上的镂雕石牌楼。匾额为"皇恩旌表""母女节孝"

图 652. 浙江海宁州敬奉钱塘潮的海神庙。匾额为"仁智长宁"

图 653. 湖南醴陵县的镂雕石牌楼。其表彰的是一位
高寿的妇女。最上方题有"御旨";中间匾额上为"贞
寿之门";下方字牌上只有该妇女原来的姓氏"刘"
尚可辨认;左侧字牌题有"五世同堂",意思是该
妇人曾与她直至玄孙的各代子孙生活在同一屋檐下;
右侧题字为"百岁高龄"

图 654. 湖南衡山县的镂雕石牌楼。该牌楼是为
一位名叫庄苑的人而设

图 655. 湖南衡州西南部的镂雕石牌楼。这是一座旌表节孝的牌楼

图 656. 湖南醴陵县的镂雕石牌楼。这是一座表彰睿智仁义之人的牌楼

图 657. 四川灌县和雅州府之间的石牌楼。其风格繁复华丽，并带有藏族特色。该牌楼是为了表彰一位孝子

图 658. 四川灌县和雅州府之间的石牌楼。其风格繁复华丽，并带有藏族特色和南亚元素。该牌楼是为了表彰一位孝子

图 659. 四川灌县和雅州府之间的石牌楼。其风格繁复华丽，并带有藏族特色和南亚元素。其目的是表彰节孝

图 660. 四川灌县和雅州府之间的石牌楼。其风格繁复华丽，并带有藏族特色和南亚元素。其目的是表彰节孝

图 661. 广东广州满城一所房屋的牌楼大门上的砖石牌楼。其上题有"旌表节孝"

图 662. 湖南醴陵县的砖石牌楼。此牌楼有三个券门

图 663. 湖北宜昌府张家墓前的砖石牌楼

图 664. 湖南南岳庙的砖石牌楼大门

图 665. 湖南醴陵县一处宅院的砖石牌楼大门

图 666. 广东广州白云山能仁寺的砖石牌楼大门

图 667. 湖南醴陵县一处宅院的砖石牌楼大门

图 668. 四川泸州
用彩色瓷片和彩
画装饰的门罩

图 669. 四川重庆
府的门罩。重庆
与泸州都在长江
边上

图 670. 广西梧州府昭忠祠的门面

图 671. 湖南长沙府关帝庙的门面

图 672. 湖南长沙府一座庙宇的牌楼门的局部视图

图 673. 四川自流井西南部通住富顺县大
道上的沙坪禹王宫的门面

图 674. 四川长江边酆都县财神庙的门面

图 675. 四川酆都县东狱庙的门面

图 676. 四川灌县皇家庙观万寿宫的门面

图 677. 陕西汉中府禹王宫的门面

图 678. 湖南醴陵县牌楼上的枋架。其上
施有镂雕和高浮雕，匾额为"清标彤管"

图 679. 湖南醴陵县牌楼上的枋架。其上施有镂雕和高浮雕。属领为"合邑同声"。即全城共有的牌坊

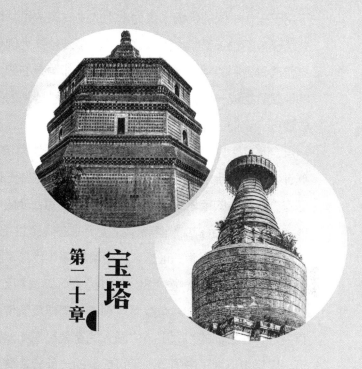

第二十章 宝塔

"宝塔"（Pagode）一词并非发源于中国，而是来自印度语，并在欧洲人的影响下用于指代中国的佛塔。最为常用的中文表达是"塔"或者"宝塔"。"宝"字特指这些塔楼最初也是最常见的用途，即除了纯粹作为佛教教义的标志，它也是盛放佛陀或高僧遗骨舍利的容器。正如牌楼常常失却原有的纪念意义，而成为了一个大型建筑群的纯建筑组成一样，许多宝塔也不再是各种舍利的贮藏地，而变成了代表纯理念的佛教遗迹。它们甚至最终融入了中国古代思想体系，以风水塔的形象赋予了周围景观另一层含义。1世纪，随着佛教的传入，宝塔作为佛教圣物的理念才由印度来到中国。据说，最早的宝塔建筑便出自那个时代，不过并无确切的史料可以证明。长江下游地区有一些著名的宝塔，它们始建于3世纪初，衰败后又被新塔所取代。这些塔的内部或许还留有原始建筑的遗骸。在接下来的几个世纪中，宝塔的建造已变得十分普遍，但同样没有留下明确的证据。这一类别中年代最早且有文字记载的古迹当属河南府的宝塔（参见501页，图680），其历史可以追溯到公元500年。直到7世纪初期以及之后的整个唐代，才有数量可观的宝塔建筑流传至今，为我们所见，其中一些仍保存完好。在它们的引领下，中国人的宗教热情和建筑艺术便化身为数量惊人的宝塔建筑，宝塔也成为了中国景观不可或缺的一部分，直至当代仍是如此。

宝塔虽为舶来品，这一佛教最高圣物的理念却在中国站稳了脚跟，甚至与中式风格完全融合在一起。这背后有内在因素。唯有如此才可以解释为什么中国人建造了如此多的宝塔，并成功地为那些独自立于低矮的佛寺院落中的塔楼设计出一种独树一帜、具有完美的建筑学特性的构造——其类型千变万化，且大多古典纯正。实际上，就艺术价值和创造力而言，中国宝塔远远超过了印度、东南亚或日本的所有同类建筑。南亚的塔由于奢华和虚幻而丢失了艺术造型的节制与限制，中国人则秉持了明朗宏大的基本观念，使得中国的宝塔始终遵循着主要的线条和严格的结构划分，此外还拥有典雅之姿和精神内涵。而且通过宝塔的韵律感，连动感十足的轮廓和丰富多样的细节处理也显得克制而又高贵。

中国塔楼分布零散，且高耸入云，而这种新的建筑特色完全是由宗教性质的内在因素导致的。佛教是一种普度众生的宗教，它面向每个独立的个体，使人从自然天性的束缚中解脱出来。因此，没有什么比塔更能象征佛教教义。佛教许诺为个人灵魂带来最为崇高的升华，超脱于家族和民族群体，因而理应成为世界宗教。与此相对，传统的中国文化则强调全民族同家乡土地的紧密归属感、与自然的一体感以及对自然的绝对从属。这样的感知在中国古代的祖先崇拜与自然崇拜中有所体现，而对纪念碑、陵墓、牌楼等一众美丽的纪念性建筑，以及所有其他祭拜自然的圣所而言，它们的本源以及同土地和山水的密切联系同样来自于这种感知。宝塔与这些低矮的建筑物对比显著。不过此前已经提到，中国古代的楼阁理念已表现出对个体解脱的渴望，这与宝塔的理念十分相近。除此之外，成都府一座寺庙大殿中的石柱立面也展现出个体精神。正如之前所说，这种精神与传统的宇宙一体思想并存，且始终竭力争取生存空间。因此，可供佛教发展壮大、留下纪念之物的土壤早已完备，而中国古代与佛教的信仰在每个中国人乃至整个民族的思想中相互交融，便也不难理解。由于佛教的基本思想，即追求个人救赎，在中国文化中由来已久，根深蒂固，所以这种本土文化的精神和宗教力量定然也有必要通过其象征之物宝塔——这一完美的艺术形式，诉诸表达。

中国宝塔是一个庞大且意义格外重大的研究领域，想要在此概述其中所有的课题，就算仅是略谈一二，也无法实现。宝塔的详细情况将专门在另一本书中予以介绍。本章将借助精选的实例仅对一些最具风范的基本式样进行阐述，并以此打开那一领域的视野。所选塔例按外部造型分门别类。在某种程度上，宝塔样式由简洁雄浑到精雕细琢再到组合型结构的进化，与建筑史的发展进程有所重合。

主要式样（参见 501—507 页，图 680—图 688）

最古老的塔楼样式大概是各时代各民族都普遍使用的阶梯形金字塔。从这一基本构想出发，在层层堆叠梯台的基础上，产生了级塔[①]。西安府的宝塔已展现出一种成熟的建筑类型，不过尚属基本形态。沙市塔的样式有所进化，它采用了八边形平面，且收分较大。开封府的六角塔同样收分明显，带有特色鲜明的檐边，塔身表面全部以陶土砖砌造，但可能因并未完工而提前封顶。与开封府情况类似的还有兖州级塔。这里同样在原本的主体建筑上建造了一个奇特的塔顶，不过显然是有意为之。与此同时，该塔形状纤细，收分不大，已经初具中国宝塔为人所熟知的塔形特征。至此，级塔又发展出两种主要类型。一是叠层塔，其环形塔层和环状檐部衔接较密，其高度距离随

[①] 伯施曼在《中国宝塔》（柏林和莱比锡，1931 年）一书中，将"Stufenpagode"、"Ringpagode"和"Stockwerkpagode"分别命名为"级塔"、"叠层塔"和"层塔"，其分类依据与中国塔的传统分类方式并不相同。

着向塔顶上升而明显减小。这种宝塔的典型代表是秀美的灵岩寺塔。尽管如此，塔中仍保留了可登临的塔层。另一个类别为层塔，其各个塔层显然保有完整的楼层结构，各塔层高度缩减得并不明显，甚至常常保持不变。此类塔楼常设有外廊，环形塔檐或出檐较小、起翘平缓，呈简洁的北方样式——当然这种造型绝不仅限于北方，檐部出挑和起翘极其张扬生动的建筑造型，尤其檐部的翘角，构成了中国中部，特别是长江流域建筑的别致之处，并且至今被我们视作中国宝塔的主要特征。

特殊式样（参见 508—511 页，图 689—图 693）

以砖石结构建造一直是中国宝塔的标志。在许多塔例中，只有檐部梁架和外廊惯用木结构。有的大型宝塔甚至完全以石材建成。不过，许多宝塔则根据所使用的方石、陶、琉璃、砖、铁、铜等建筑材料的工艺和艺术特性，对其进行相应的加工，如此一来，便涌现出各种崭新的样式。但是这些塔的尺寸通常较小。浙江普陀山与北京玉泉山皇家园林中的两座石塔便清晰体现出人们是如何根据石材特征来调整塔的结构、构造和檐层的宽度，在细节上运用建筑学元素与浮雕工艺，并最终在结构和外形上均达成新的设计方案。北京玉泉山园林中还有一座精美无比的琉璃塔，也具有同样的效果。另外，其细部刻画，包括五彩琉璃，还显露出象征意义。铁塔则利用了材料本身的可塑性，通常呈现十分细长且极其生动的造型，例如湖北的针形铁塔。

天宁塔（参见 501 页，图 680；512—517 页，图 694—图 700）

这组宝塔完全自成一类，它们的体量普遍庞大，多分布于北方省份，也几乎仅见于那些地区。十分醒目的主塔层是它们的标志性特征，该层巨大的基座上以砖石砌筑封闭式、不可进入的塔身，层顶为多层紧密相接的叠涩出檐，大多为十二层。刹尖通常置有巨大的宝顶。主塔层为存放遗骨舍利的圣堂。此类宝塔被冠以"天宁寺塔"之名，是因为其中气质高雅的代表便是北京天宁寺的大型宝塔。此类塔形中最早的一例建于河南府附近，其平面为方形，它也是我们所知的历史最悠久的大型宝塔，建成年代为公元 500 年。除了其他建筑学价值，上述北京宝塔的须弥座上还饰有令人眼花缭乱的陶质雕塑，十分引人注目。而在它不远处的八里庄有一座年代更近的姊妹塔，其雕饰之繁复还要更甚。此处须弥座上的各种饰样同样用陶制成，但主塔层塔身的人物塑像则为灰塑。

金刚宝座塔（参见518—522页，图701—图706）

金刚宝座塔是一种以组群形式出现的宝塔样式，随藏传佛教传入了中原。它以印度著名的菩提伽耶大塔为原型，但其构造融入了相当浓厚的中国特色。以这种方式建造的遗迹仅有两处，且均在北京附近。较为古老的一座位于五塔寺，紧邻北京。后至乾隆年间，北京西山碧云寺内又仿照此塔修建了令人惊叹的碧云寺汉白玉塔。塔院入口装点着一座雕刻华美的汉白玉牌楼。塔的下部为双层台基，其上为多层构成的宽大汉白玉宝座。内部设有楼梯，通往顶部平台，台上除了一些小塔外，还矗立着五座天宁塔式样的塔楼。

覆钵式塔（参见523—530页，图707—图714）

宝塔式样的最后一大类则是由藏传佛教引入中原，并加以完善的覆钵式塔。该塔因其独特的造型而得名。实际上，这种形状源自钵。钵是用来安葬圣僧或佛家弟子遗骨的物品，并构成了覆钵式塔中间的主要部位。造型精美的基座以及带有塔刹的圆锥形上部建筑皆与天宁塔的组成部位完全对应。这些纪念塔外形巨大，富有震撼力，正如藏传佛教本身。它们或坐落在城区，如北京的宝塔，或身处自然山水之间，如山西五台山上的覆钵式塔。无论如何，它们都以自身的特点统领着整个景观。在热河普乐寺，宏伟的圆殿色彩绚丽，其周围平台上立有八座小型的五彩琉璃覆钵式塔，环绕着中心建筑。它们亲切可人，就像藏传佛教内敛的热忱。北京北部黄寺内的汉白玉塔是最后一座建于18世纪末的覆钵式纪念塔，也是中国最后一座重要的宝塔建筑。同碧云寺金刚宝座塔一样，这里也包含了一组建筑。通往主建筑的入口处竖有两座牌楼。台基上的四座塔柱拱卫着建筑主体，即真正的覆钵式塔。该塔已具有属于晚期的、独特而又抽象的外形，显示着一个艺术分支的特点，以及一种艺术的终结。几乎遍布所有建筑表面的过度装饰也表现出了这一点。正是这些装饰流露出一种平顺圆滑、徒留优雅的风格，唯独不见鲜活的灵魂。尽管如此，其结构布局的纯粹与明确仍然值得赞叹。它们与那种试图用铺天盖地的各种装饰布满雄伟石建筑的欲望结合在一起，显得天衣无缝。

　　塔是超验的佛教唯心主义的艺术表现。它们是异国典范的衍生物，却演绎出了中国的形式语言和中国人的风貌。就连佛教的象征符号和人物形象也彻底融合了中式风格。不过显而易见，这种来自异国文化的建筑门类接受了至关重要的冲击和推动力，并且正是在它们的作用下达到了今日的成就。建造宝塔时源源不断的宗教力量及艺术力量对所有中国精神文化的巩固和艺术文化的继续发展，起到了决定性作用。

图 680. 河南河南府白马寺的天宁寺方塔。
约建于公元 500 年

图 681. 陕西西安府的大雁塔。为方形级
塔，初建于公元 652 年，现存建筑建于公
元 701—705 年，高约 60 米

图 682. 湖南长江岸边沙市的八角级塔。可能建于唐代

图 683. 河南开封府相国寺的六角级塔。其上饰有佛像瓷砖，从外形来看此塔明显没有完工，
建于公元 954—960 年

图 684. 山东兖州府的
八角级塔。高 59 米，
建于公元 601—605 年

图 685. 山东灵岩寺的
辟支塔。其为八角叠
层塔，高 51.6 米，建
于公元 742—756 年

图 686. 山东灵岩寺的叠层塔

图 687. 广东广州的花塔。为八角层塔，外带回廊。初建于公元 500 年，现存式样大约建于明代

图 688. 上海的龙华塔。为八角层塔，初建于公元 247 年，现存式样建于 1411 年

图 689. 浙江普陀山的太子塔。为石塔，建于 1344 年

图 690. 北京玉泉山的天宁寺塔，建于 18 世纪

图 691. 北京玉泉山的五彩琉璃塔，大约建于 18 世纪初

图 692. 陕西北杜村的铁塔，约建于公元 900 年

图 693. 湖北当阳县的铁塔，大约建于明代

材料：砖和灰泥，橡为木制

高 57.8 米

图 694. 北京天宁寺塔的正视图。初建于公元 601—605 年，现存式样可能成型于此后不久，该塔曾多次翻修

图 695. 北京天宁寺塔的外观

图 696. 北京天宁寺塔拱门的顶部视图

基座构成   基座侧面

图 697. 北京天宁寺塔的局部视图

图 698. 北京天宁寺塔基座的局部视图

图 699. 北京八里庄塔的基座和塔身。此塔建于 1576—1578 年，以砖、陶和灰泥为材料

图 700. 北京八里庄塔基座的细节。材料为烧制后的陶土

图 701. 北京碧云寺的汉白玉牌楼。此处为通向碧云寺汉白玉塔的入口，包括大门、桥梁、碑亭和宝塔在内的整个建筑群建于 1749—1750 年

图 702. 北京碧云寺汉白玉牌楼一侧八字壁上的麒麟浮雕

图 703. 北京碧云寺汉白玉牌楼一侧八字壁基座上的牡丹纹饰

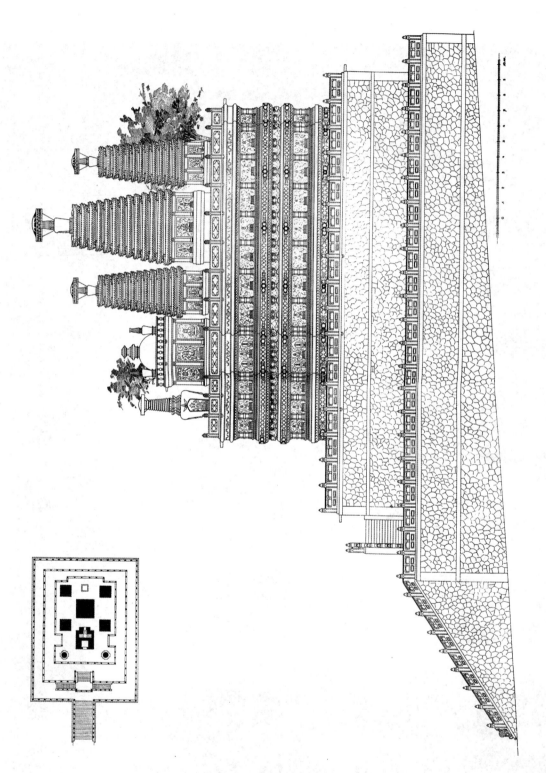

图 704. 北京碧云寺汉白玉塔的侧视图

图 705. 北京碧云寺汉白玉塔的正视图

图 706. 北京碧云寺汉白玉塔塔座的局部视图

图 707. 北京白塔寺的覆钵式塔。
建于 937—1125 年，13 世纪时
曾重建，1819 年再次修葺

图 708. 山西五台山的覆钵式塔。关于该塔的最早记录出现于公元 67 年，现存建筑约建于 1403—1407 年

图 709. 热河普乐寺的宝塔。
该寺圆形大殿下方坛城的第
二层露台上有八座覆钵式琉
璃塔，图示宝塔为其中之一。
根据彩图绘制，总高 6.7 米

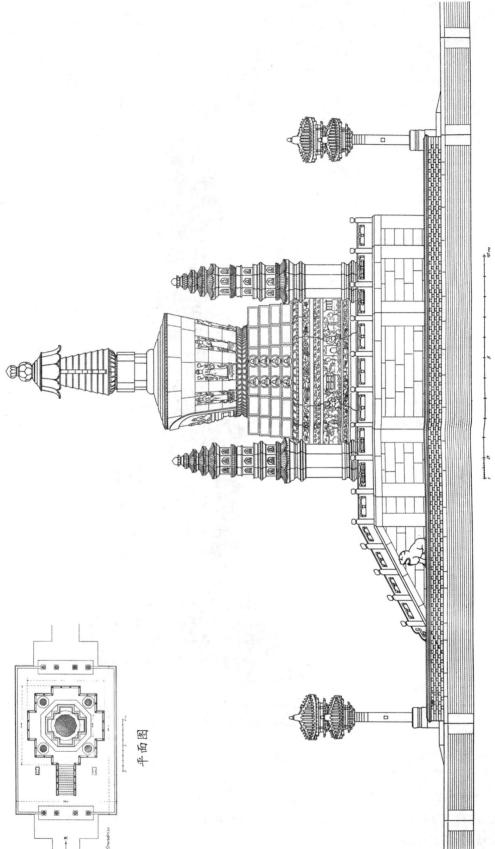

图 710. 北京北部黄寺汉白玉塔的侧视图。该

塔建于 1781—1782 年

平面图

图 711. 北京黄寺汉白玉塔的正视图

图 712. 北京黄寺汉白玉塔的正视图

图 713. 北京黄寺汉白
玉塔的基座、塔座和
塔身

图 714. 北京黄寺汉白玉塔基座的局部视图

中国建筑之本质

结语

本书伊始就指出建筑艺术与一个民族的文化和思想观念息息相关，它包含了可见的物质文化与不可见的精神文化。事实上，任何一个艺术门类的所有作品对一个民族的精神实质而言，都不只是一个随意或多余的表达，进而言之，它们就是内容本身。若是没有外在形式的表现，民族精神性的内容是难以想象的。很多时候，作为一种推动力量的外在形式其本身又反过来对人们的内在精神产生影响。对于伟大建筑艺术领域的那些建筑物来说，情形尤其如此。在这一领域，人类和人类社会的不同主体之间都建立了协调、有机的联系，以此推及建筑的形式也是如此。建筑形式可视为整个建筑艺术可见的、抽象的表达。建筑形式之于建筑艺术，正如建筑艺术自身之于该民族的文化整体。因而，在建筑的艺术形式中，在建筑营建中，在特定空间和地域的建筑中，我们看到了对建筑鲜活内容的最纯粹的表达，深刻而又富有活力。把一个民族的内在信念、人生观和世界观用外在形式呈现出来，并且创造出这种外在的形式，将之作为永恒存在的纯粹表现形式，于此，每个民族的能力一直是参差不齐的。中国人在所有的艺术领域中，尤其是建筑艺术和建筑中，始终如一地将这一能力提升和发展到了相当高的水平。

本书通过对单一建筑类型或建筑部件类型的探讨，来考察中国建筑的形式世界与中国文化的精神基础之间的一系列紧密关联。有这样一些意义特殊的思想观念，会在本书中得到强调和勾勒，而基于艺术形式和精神内容相同的考察视角，则会直接深入到生命和形态的本原中。从人类精神的根源深处来寻找形式认知的内在前提，我们不得不承认，建筑及其形式担负着澄清人类本质与价值的责任。追问中国建筑的本质也是如此。

若想正确评估陌生艺术及其文化的价值和意义，我们只能是怀着信念深入到这个民族的文化中。因为艺术文化从根本上来说，是一个民族灵魂的完美表达。因此，人们必须将源自他们自己文化的那些固有评判标准尽可能地悬置在一旁，试着从这个文化世界自身去寻求对这个世界的解释。这里的核心问题可以归结为一个民族或一个时代以何种方式将他们精神世界的图景塑造成了他们的艺术文化，且取得了何种成就。

中国人根据宇宙图式来建立自身和社会的秩序，在他们的建筑艺术作品中，也能映现出宇宙的图景。中国人力求遵循宇宙的观念来建造和发展建筑作品。根据他们的观念，生命不过是一个寓言罢了，人类的创造物于某种程度上必须见证自身的存在。

在建筑的形式中，纯粹观念得以渐入和显现，与之相应的就是人们能够从建筑营建和形态上了解他们的思想观念。"万物并育而不相害，道并行而不相悖"。自古以来，中国人便将此感知作为自身存在的基础，将其表现为一系列象征符号。这些符号背后，数的象征拥有着无与伦比的意义。我们习以为常的生活和需求中，处处充满着数，进而还有线、面和三维空间。它们既相互区分，又相互依存，构成了建筑艺术的基本要素。人们在和谐有序地安排建筑时，常常会运用到这些元素。

人们对宇宙秩序的理解和有意识地将其转化成生命本身的形态之间的紧密关联，对于根据几何法则进行建造来说，怎么强调都不过分。

此外，还需要富有创造力。这些创造力的象征物在自然界和我们身上发挥着作用，同时，人们也追寻着这些力量的外在形式。那些人们理解了并且在建筑中直接而明确实施的伟大思想构成了人类最高的准则。这一准则其实是一种二元性，一方面尽可能地多变，另一方面尽可能地保留原来的特征。同时这种二元性又和谐一致，构成了一种精神上的力量，它无处不在，让人取得了与神同等的地位。

人们所理解的这些观念对建筑的营建有着直接且显而易见的影响。院落和厅堂的主轴线；迎着正午太阳的神道；纪念性建筑、门厅建筑的三轴对称分布，房屋主位以男性屋主为中心来布置；处于尊位的神灵、王侯将相和先祖位于建筑的中心位置，或者位于最后的上位；在家中供神化的先祖与寺庙中供养佛像相似；还有就是在布置和完善住宅时，也以同样的方式来设立一家之主的位置。以上这些林林总总的例子，都反映了中国文化中的各种不同观念。

源于自然法则的建筑思想伟大且独具一格，决定了单体建筑的形态、平面布局、立体结构和装饰部件。因而，梁架建筑的基本形式几乎是完完整整地得到了体现。梁架结构自成一体，宏伟的屋面屋顶位于厅堂之上。而在多层建筑中，这些特征只是得到了少量保留。在大面积营建的过程中，中国人在平面维度上追求界限，在建筑布局上要求整个建筑和谐有序地融入自然景观。出于这些追求，他们维持了古老的、明晰的形式，并将其保存和体现在厅堂的结构性框架之中。人们也可以在所有建筑，哪怕是最小的建筑的建筑部件或者装饰形式的基本原则中理解那些简单且严格的规则。就那些装饰形式自身而言，给人的第一印象显得有些繁缛和异样。另外要指出的是目前中国虽然处于明显的衰落阶段，但仍然是统一的国度。其地域广阔，人口众多，民众格外勤勉，因此清晰明了的界限有助于庇护中国人不陷于日常而琐碎、繁缛之中，以享受自身的清静。

一涉及规模宏大的规划，在生活和艺术形态上，在建筑上，人们便遵循另外一个方向，即试图在特殊形式的图像中，描绘现象世界无尽的形色和丰富性。建筑部件便是如此，线条、缘饰和平面常常完全融入建筑中，或者像铺上了一个装饰网一般。这种装饰常常是极尽繁复，直至有过度之嫌。这里所言之"小"与"微"，是从规模上来说的。它们属于同一个整体，类似中国人观念中的表示女性的"阴"和表示男性的"阳"。只有二者结合，才能构成完满的统一性。大量装饰的运用使建筑有了一种生机和韵律，这在其他没有生命力的民族中是看不见的。为了使建筑富有生命的律动感，使各种生命力量在建筑中获得均衡，人们需要建造中国特有的飞檐式屋顶。屋顶的曲线和曲折处，以及通过装饰获得的栩栩生机在天光云影的变幻中，在碧水丛林和大地悬岩间，交相辉映，是自然馈赠了我们无与伦比的美景。仅从纯粹形式来看，轻盈的屋顶曲线往往会赋予建筑如人类般的优美与可爱。同时，它还能营造出先验的、超自然的氛围，并指向其主要根源。与其他众多建筑遗迹一样，其源于宗教的因素。

如我们所见，中国人的生活与艺术浓浓地浸润在宗教关系之中。中国人认为人与自然是一个整体。带着这种特征的自然哲学的观念也可归列为宗教因素。在这些观念之中，对建筑的营建和装饰影响最大且最为重要的便是对土地神的崇拜。基于这一理念，人们修建了大量重要的建筑，如分布广泛的路边祭坛、土地造像、土地冢、土地庙。泛神论将多神论融入鲜明的艺术形式之中，创造出了众多人格化的自然力量，又将自然和景观心灵化，创造了一个多神居住的世界。直至今日，中国人依旧一如既往地、鲜活地去感知它们的存在。同样属于"神"的还有偶像化的英雄人物，它们被供奉到土地庙之中。这里是一个道家的世界。迄今依然遍布在中国大地上的住宅、宫殿、寺庙和城镇的建筑式样深受道家思想的影响，建筑史的发展同营建技术和人们生活习惯的变化和谐统一，让人惊叹不已。道家的基本思想是亲近大地，与大地交融。因此，人们在建筑的营建上，向着平面延伸，而非在高度上突进。中国艺术，而不只是建筑中的装饰形式，作为一个整体被赋予了一种内在性，使人感受到自然之灵性。一方面，是道家倡导的融入自然，使儒家的生命观念受到了一定程度的挤压；另一方面，则是佛教在彼岸世界中许诺的个体之解脱。这两方面都满足了人们内在形而上的精神需求。无论何者，都充分利用了艺术作品中的象征符号。每个人都从外在世界的纷繁尘扰中走出，用自身的方式追求人格的完善。建筑营建具有同样的功能。前面我们论述的建筑思想同时具有儒家思想的特征，比如通过建筑城墙终结长年不断的异族侵扰，建筑结构明晰的秩序感，以及建筑装饰上严格的等级感。佛教则通过建造高塔表现出脱离苦难现世的诉求和摆脱对自然的依赖。宝塔固然契合了中国古代楼台的形式，却只有在宝塔这种全新的形态中，才成为了个体追求解脱和极乐世界的表达方式。

显然，这里简要描述儒释道三种基本思想，只是将其有意识地限定在特定的认知序列中，同时必须舍弃其他一些旁枝末节。中国人意识到，尽管人类的精神和各种经验中蕴含着某种统一性，就像他们思想中的儒释道那样，但是现世冲突以及那些无法克服的矛盾依然存在，那些对立的力量在现实生活中依然妨碍着和谐统一的生活的实现。的确，那些不合逻辑和不平衡的力量貌似本身就是一种更为真实的存在。其源于那些让人无法理解、让人惊异的邪恶力量，超出了人类的掌控能力。这些认知在他们建筑的结构和装饰中同样有所体现。

再次重申一下，中国人有时候会让一些建筑结构敞开，以便形成一个稳固的、开阔的印象，比方说一个厅堂。人们的命运不可见，也无法由自己来掌控。此种力量，民间称之为幽灵和鬼怪。它们在建筑营建中也得到了纯粹艺术化的处理：牌楼、楼阁、结构和屋顶那些让人惊叹、让人着迷的轮廓，墓葬中的曲线和曲面，安放在路口、桥头、入口作为看守的那些人或动物的造像，屋脊和屋面上大量生动的装饰。这样一来，在勾勒出了鬼怪与防御者之间偶尔交锋的同时，鬼怪在人类独特的建筑创造中被降服了。基于特定的原则，每个被锁定的幽灵鬼怪的王国都被精心地、有条不紊地安置进平面、结构和屋顶之中。

所以这种自然的力量决定了我们的生活，且在艺术形式中得以呈现。人们了解了它们，便会获得内在的解放，甚至很大程度上出现一种优越感。带着这种优越感，中国的艺术家们在建筑屋顶上发挥他们的创造力。由于他们始终以内心为尺度（内在之眼）来工作，故而常常能抛开纯粹建筑程式的重复，甚至抛开自然本身。所有的创造都成为特定情境下特定心灵的呈现，从而保持着鲜活的艺术性。由于他们描绘的是万物之本，故而能够摆脱抽象概念和风格程式的藩篱，从而沉浸到建筑的细微之处、装饰之中。

中国艺术匠人有着强大的内在信念、娴熟的技能，故而能够把那些来自四面八方的外来影响几乎完全消化融入到自己的风格之中。然而，这种内在信念太过强大，以致中国建筑和艺术的形式变得几乎是千篇一律。与欧洲建筑艺术相比，中国单体建筑呈现出的丰富性可被看作它的突出特征。就建筑史而言，各省之间建筑风格的变化也是如此。人们确实可以看到这种变化，这种变化倾向于随着民族地域的特征变化而变化。然而，恰恰是这种在生活、精神和艺术上几近完美的中国式建筑最终妨碍了中国人果敢地采用新方法，走上新道路。

　　而这点，对于欧洲人而言，走新路是必要的，也是不远的过去所经历的。尽管存在上述这种阻碍，我们还是可以非常清楚地看到中国建筑是其民族本质的呈现。尽管中国人放弃了建筑的高耸和恒久，也不给改建预留空间，而是将其紧紧贴着大地展开，但这也成为了其内在精神性的源泉，也滋生了一种更强大的坚韧性。中国建筑布局在平面上的延伸强化了人们对中轴线的深化，同时将欧洲人的空间概念加入了时间的维度。时间和空间交替着带来观看时视角的变化。这两个因素在建筑的观察过程中，势均力敌。西方人原有的空间观念通常倾向于一眼便可以把握住有限的建筑物。因此，中国建筑的布局与其所处的景观有着深深的联系。这种极致的完美，其他任何民族都很难望其项背。中国人放弃了独立立面和奢华宏大的内部空间，从而保持了厅堂严谨的统一性，这也成为了中国建筑的符号。最后要说的是，中国人深谙与自然相处之道，将自然哲学和宗教思想融入其建筑的营建之中，并直接表现在装饰形式之中。

　　从欧洲人的角度来看，中国人达成这些目标的方式相对朴素和简单。然而正所谓"意义之伟大无须手段之伟大"（Größe der Gesinnung braucht nicht Größe der Mittel）。他们全然能做到如此，也无须为艺术的内在性和生动性牺牲。对于我们来说，中国人似乎是天才的建筑师。内在本质与外在形式之间的合一、存在与表现的一体是中国艺术深层奥秘所在。歌德所说"无内，无外，乃因内即为外"（Nichtsistdrinnen, Nichtsistdraußen, Denn was innenist, Istaußen.）指出了中国建筑的特征。中国建筑艺术虽然无法直接为西方人所用，但是中国建筑艺术可以为我们提供一个典范，我们要重新开始，用心来建造。

　　人们无法抛开这样一种看法：中国建筑艺术在很大程度上几乎是一种古典的辉煌，已经发展到鼎盛时期，在其形式的发展上几近枯竭，原有道路上的推进也无法适应新的时代。因为在中国，新的思想观念也需要有新的表达形式。毋庸置疑，建筑艺术领域的变革来临了。而她会沿着什么方向发展，何时会终结，对此我们都无法预测。但是人们可以相信，未来中国的建筑师会在更高的水平上，独特而又卓越地形成自己的艺术风格。

参考文献

此处仅列出近来最为重要的著作、某些著作的相关章节或独立的论文，这些作品均以西方语言写成，并且有计划地以中国建筑中某些较大的领域为对象探讨其形式上的价值。欧洲人在对中国建筑的研究中几乎没有触碰过以中文或日文写就的著作，这些作品尚未进入更多人的视野，因而此处不做考虑。排列顺序大致以出版时间为准。

莫瑞斯·帕里奥劳盖（Maurice Paléologue）：《中国艺术》，《建筑》，1887 年，第 82—130 页。

艾约瑟（Joseph Edkins）：《中国建筑》，《皇家亚洲文会北中国支会会刊》，第二十四卷，1889—1990 年，第 253—288 页。

高延：《中国宗教体系》第三部分，《陵墓》，1894—1897 年，第 362—1417 页。牌楼部分出现在第 769—794 页。

锡乐巴（Heinrich Hildebrand）：《北京大觉寺》，1897 年。

福格森（James Fergusson）：《印度与东方建筑史》，《中国》第九卷，1899 年，第 685—710 页。

卜士礼：《中国艺术》，《建筑》第三部分，1904 年，第 49—70 页。

小川一真：《北京宫殿建筑装饰》，1906 年。

沙畹：《北中国考古图录》，1909 年。[①]

沃尔珀特（Volpert）：《中国牌坊》，《东方档案》，1911 年。

康巴兹（Combaz）：《中国历代皇帝陵墓》，1907 年。《中国皇宫》，1908 年。《中国寺庙》，1912 年。关于康巴兹研究的特刊：《布鲁塞尔考古学会年鉴》。

贝努瓦·帕雷尔（Benoit Parayre）：《建筑——中世纪和现代东方》，1912 年。其中一章介绍中国建筑艺术。

明斯特伯格（Hug Münsterberg）：《中国艺术史》，《建筑艺术》，第二卷，1912 年，第 1—86 页。

马尔科（Mahlke）：《中国屋顶式样》，《建筑期刊》，1912 年。

---

① 《北中国考古图录》已结辑为《华北考古记》，于 2020 年由中国画报出版社出版。——编者注

舒巴特（Daniel Schubart）:《中式亭阁之风格》,《建筑期刊》, 1914 年。

恩斯特·伯施曼:《中国建筑和文化研究》,《民族学期刊》, 1910 年。《中国建筑》,《在工艺美术博物馆特别展览上的致辞》, 柏林, 1912 年。《中国的建筑艺术和宗教文化》第一卷《普陀山》,1911 年;第二卷《中国祠堂》[①],1914 年。《中国建筑与风景》[②], 1923 年。《中国的铁塔和铜塔》,《亚洲艺术年鉴》,1924 年。《隋朝和唐朝初期的宝塔》,《东亚杂志》, 1924 年。《论中国的屋顶装饰》,《瓦斯穆特建筑艺术月刊》, 1924 年。

高延:《中国宝塔》, 柏林, 1919 年。

贝恩德·梅尔彻斯（Bernd Melchers）:《中国寺庙建筑与灵岩寺罗汉》, 1921 年。

柯灵（Kelling）:《中式住宅》（原稿）, 1922 年。

谢阁兰:《中华考古图志》, 1923 年。

爱德华·福克斯（Edward Fuchs）:《屋顶脊饰及中国琉璃的变迁》[③], 1924 年。

喜仁龙:《北京的城墙与城门》[④], 1924 年。

---

① 《中国祠堂》已结辑为《遗失在西方的中国史：中国祠堂》, 于 2020 年出版。——编者注
② 《中国建筑与风景》即将结辑为《西洋镜：中国建筑与风景》, 于 2021 年出版。——编者注
③ 《屋顶脊饰及中国琉璃的变迁》已结辑为《西洋镜：中国屋脊兽》, 于 2020 年出版。——编者注
④ 《北京的城墙与城门》与《中国北京皇城写真全图》已结辑为《遗失在西方的中国史：老北京皇城写真全图》, 于 2017 年出版。——编者注